Wissenschaftliche Reihe Fahrzeugtechnik Universität Stuttgart

Reihe herausgegeben von

André Casal Kulzer , Stuttgart, Deutschland

Hans-Christian Reuss, Stuttgart, Deutschland

Andreas Wagner, Stuttgart, Deutschland

Das Institut für Fahrzeugtechnik Stuttgart (IFS) an der Universität Stuttgart forscht interdisziplinär sowie technologieoffen an modernen und zukunftsorientierten Fahrzeugkonzepten. In enger Zusammenarbeit mit Partnern aus Industrie und Wissenschaft entstehen neue Lösungen für die Mobilität der Zukunft. Das Institut gliedert sich in drei spezialisierte Lehrstühle, die gemeinsam das gesamte Spektrum der Fahrzeugtechnik abdecken: Der **Lehrstuhl für Fahrzeugantriebssysteme** widmet sich der Forschung nachhaltiger Antriebslösungen für künftige Mobilitätskonzepte. Im Fokus stehen alternative, elektrische sowie hybride Antriebssysteme und deren Komponenten – einschließlich der Nutzung nachhaltiger Energieträger wie Wasserstoff, synthetischer Kraftstoffe und Batterien. Der **Lehrstuhl für Kraftfahrzeugmechatronik** beschäftigt sich mit vernetzten, intelligenten und adaptiven Fahrzeugen. Im Zentrum stehen Fragestellungen zum Automatisierten und Vernetzten Fahren, Diagnose, Ladetechnologien, verteilte Systeme sowie softwarebasierte Fahrzeugfunktionen. Der **Lehrstuhl für Kraftfahrwesen** erforscht die physikalischen Grundlagen der Auslegung zukünftiger Fahrzeugkonzepte. Im Mittelpunkt stehen die Bereiche Aerodynamik, Windkanaltechnik, Akustik/NVH, Fahrzeugdynamik, Reifenmanagement und Thermomanagement Gesamtfahrzeug. Das IFS verfügt über eine vielfältige und hochmoderne Forschungsinfrastruktur, die realitätsnahe Untersuchungen vom Einzelbauteil bis zum Gesamtfahrzeug ermöglicht. Besonders hervorzuheben sind der Multikonfigurations- und Antriebsprüfstand für komplexe Antriebskonzepte, der Stuttgarter Fahrsimulator zur Untersuchung menschlichen Fahrverhaltens, der Aeroakustik-Fahrzeugwindkanal für akustische und strömungstechnische Fragestellungen sowie der Thermowindkanal zur Analyse thermischer Prozesse im Gesamtfahrzeug. Die wissenschaftliche Reihe „Fahrzeugtechnik Universität Stuttgart" dokumentiert die im Rahmen von Promotionen am IFS entstandenen Beiträge zur Mobilität der Zukunft und zeigt deren thematische Vielfalt, methodische Tiefe und Praxisrelevanz.

Reihe herausgegeben von

Prof. Dr.-Ing. André Casal Kulzer
Lehrstuhl für Fahrzeugantriebssysteme
Institut für Fahrzeugtechnik Stuttgart
Universität Stuttgart
Stuttgart, Deutschland

Prof Dr.-Ing. Andreas Wagner
Lehrstuhl für Kraftfahrwesen
Institut für Fahrzeugtechnik Stuttgart
Universität Stuttgart
Stuttgart, Deutschland

Prof. Dr.-Ing. Hans-Christian Reuss
Lehrstuhl für
Kraftfahrzeugmechatronik
Institut für Fahrzeugtechnik Stuttgart
Universität Stuttgart
Stuttgart, Deutschland

Jochen Krings

Thermische Simulation des elektrischen Ladepfads bei Elektro-Nutzfahrzeugen

Jochen Krings
IFS, Fakultät 7, Lehrstuhl für
Kraftfahrzeugmechatronik
Universität Stuttgart
Stuttgart, Deutschland

Zugl.: Dissertation Universität Stuttgart, 2025
D93

ISSN 2567-0042   ISSN 2567-0352 (electronic)
Wissenschaftliche Reihe Fahrzeugtechnik Universität Stuttgart
ISBN 978-3-658-51549-2   ISBN 978-3-658-51550-8   (eBook)
https://doi.org/10.1007/978-3-658-51550-8

Die Deutsche Nationalbibliothek verzeichnet diese Publikation in der Deutschen Nationalbibliografie; detaillierte bibliografische Daten sind im Internet über https://portal.dnb.de abrufbar.

Planung/Lektorat: Carina Reibold
Springer Vieweg ist ein Imprint der eingetragenen Gesellschaft Springer Fachmedien Wiesbaden GmbH und ist ein Teil von Springer Nature.
Die Anschrift der Gesellschaft ist: Abraham-Lincoln-Str. 46, 65189 Wiesbaden, Germany

Vorwort und Danksagung

Die vorliegende Arbeit entstand während meiner Tätigkeit als Doktorand bei der Daimler Truck AG in Stuttgart-Untertürkheim. Hier war ich der Abteilung Ladekomponenten zugeordnet und wurde durch den Abteilungsleiter, Herrn Dipl.-Ing. Enrico Wohlfarth, und den Teamleiter, Herrn Dipl.-Ing. Peter Ziegler, bestens betreut.

Auf Institutsseite erfolgte die Betreuung und Unterstützung der Promotion durch den Lehrstuhlinhaber, Herrn Professor Dr.-Ing. Hans-Christian Reuss, vom Institut für Fahrzeugtechnik (IFS) der Universität Stuttgart in Kooperation mit dem Forschungsinstitut für Kraftfahrwesen und Fahrzeugmotoren Stuttgart (FKFS) im Bereich Fahrzeugmechatronik 2 / Elektronik, geleitet durch Herrn Dr.-Ing. Michael Grimm.

Ebenfalls möchte ich mich bei meiner Kollegin Frau Caroline Grund und meinem Kollegen Herrn Dr.-Ing. Frank Brosi vom FKFS für die reibungsfreie Zusammenarbeit bedanken sowie bei meinen Daimler Truck Studenten Herrn Paul Steinmetz, Herrn Sven Beisser und Herrn Lukas Fietz.

Allen Beteiligten möchte ich einen herzlichen Dank aussprechen für die sehr gute und kollegiale Zusammenarbeit. Von der Einstellungsphase, über die Zeit der Projektarbeit bis zu meiner Doktorarbeit bin ich mit Rat und Tat unterstützt worden und konnte stets auf einen professionellen fachlichen Wissensaustausch zurückgreifen.

Abschließend möchte ich mich bei meinen Eltern und meinem Großvater für die Unterstützung während meiner Schulzeit, meines Maschinenbaustudiums an der RWTH Aachen und den anschließenden sehr ereignisreichen und herausfordernden elf Berufsjahren bedanken. Mein beruflicher Werdegang hat letztlich zu meinem ursprünglichen Ziel, der Promotion, zurückgeführt. Chronos und Kairos sind hierbei zusammengekommen, was ich sehr zu schätzen weiß.

Stuttgart	Jochen Krings

Inhaltsverzeichnis

Abbildungsverzeichnis

Tabellenverzeichnis

Abkürzungsverzeichnis

1D-Simulation	eindimensionale Simulation
3D-Simulation	dreidimensionale Simulation
Al_2O_3	Aluminiumoxid
AlN	Aluminiumnitrid
CAD	Computer Aided Design
CCS	Combined Charging System
CFD	Computational Fluid Dynamics
CO_2	Kohlenstoffdioxid
Comm.	Kommunikationskontakte
CP	Control Pilot
DIN	Deutsches Institut für Normung
EN	Europäische Norm
FEM	Finite Elemente Methode
IEC	International Electrotechnical Commission
L1, L2, L3	Wechselspannungsphasen
LKW	Lastkraftwagen
LPTN	Lumped Parameter Thermal Network
MCS	Megawatt Charging System
N	Neutralleiter
PA66	Polyamid 66
PBT	Polybutylenterephthalat
PE	Protective Earth
PEEK	Polyetheretherketon
PKW	Personenkraftwagen
PP	Proximity Pilot
PPS	Polyphenylensulfid
RC-Netzwerk	Widerstand Kapazität Netzwerk
ZVEI	Zentralverband Elektrotechnik- und Elektroindustrie

Formelverzeichnis

Abkürzung	Einheit	Erklärung
α	$\frac{1}{°C}$ oder $\frac{1}{K}$	Temperaturkoeffizient
$\alpha_{Konvektion}$	$\frac{W}{m^2 \cdot K}$	Wärmeübergangskoeffizient
ΔT	°C oder K	Temperaturdifferenz
ε	-	Emissionsgrad
λ	$\frac{W}{m \cdot K}$	Materialspezifische Wärmeleitfähigkeit
μ	-	Reibungskoeffizient
ρ	$\frac{\Omega \cdot mm^2}{m}$	Spezifischer Widerstand
ϱ	$\frac{kg}{m^3}$	Dichte
σ	$5{,}67 \cdot 10^{-8}\,\frac{W}{m^2 K^4}$	Stefan-Boltzmann-Konstante
A	mm²	Leiterquerschnitt
A_1	m²	Abstrahlende Oberfläche A_1
$A_{Konvektion}$	m²	Fläche für Konvektion
c	$\frac{J}{kg \cdot K}$	Spezifische Wärmekapazität
C_{th}	$\frac{J}{K}$	Thermische Kapazität
dt	s oder min	Zeitintervall
dT	°C oder K	Temperaturdifferenz
F	N	Kraft
F_K	N	Kontaktkraft
$F_{K\,Basis}$	N	Kontaktkraft Basis
$F_{K\,Erhöht}$	N	Kontaktkraft Erhöht
H_K	-	Kontakthärte
I	A	Stromstärke
i	-	Zähler für Anzahl von Einzelwärmeströmen
l	m	Leiterlänge
m	kg	Masse

N	N	Normalkraft
N_{80N}	N	Normalkraft bei 80N
N_{90N}	N	Normalkraft bei 90N
P	W	Leistung
P_{CCS}	W	Ladeleistung beim CCS Laden
$P_{elektrisch}$	W	Elektrische Leistung
P_{MCS}	W	Ladeleistung beim MCS Laden
$P_{thermisch}$	W	Elektrothermische Verlustleistung
Q	J	Wärme
Q_{gesamt}	J	Gesamtwärmemenge, Summe der Wärmequellen
$\dot{Q}$	W	Wärmestrom
$\dot{Q}_{absorbiert}$	W	Absorbierter Wärmestrom durch Strahlung
$\dot{Q}_{Bauteil}$	W	Wärmestrom von Bauteil
$\dot{Q}_{emittiert}$	W	Emittierter Wärmestrom durch Strahlung
$\dot{Q}_{Fluid}$	W	Wärmemassenstrom
$\dot{Q}_{Konduktion}$	W	Wärmestrom
$\dot{Q}_{Konvektion\ Fluid}$	W	Wärmestrom des Fluids
$\dot{Q}_{Radiation}$	W	Wärmestrom durch Strahlung
R	Ω	Elektrischer Widerstand
R	N	Steckkraft
R_{80N}	N	Reibungskraft bei 80N
R_{90N}	N	Reibungskraft bei 90N
R_E	Ω	Engewiderstand
$R_{E\ Basis}$	Ω	Engewiderstand Basis
$R_{E\ Erhöht}$	Ω	Engewiderstand Erhöht
$Red_{Kontakt}$	-	Prozentuale Reduktion des Kontaktwiderstands
$R_{thermisch}$	$\frac{K}{W}$	Thermischer Widerstand
$R_{therm/2}$	$\frac{K}{W}$	Thermischer Widerstand von halbem Bauteil für eindimensionale Simulation
$R_{Verlust}$	Ω	Verlustwiderstand
t	s oder min	Zeit: Sekunden oder Minuten
t_0	s oder min	Startzeit: Sekunden oder Minuten

t_1	s oder min	Endzeit: Sekunden oder Minuten
t_{CCS}	s oder min	Ladezeit mit CCS
t_{MCS}	s oder min	Ladezeit mit MCS
T	°C	Temperatur in Grad Celsius
T	K	Temperatur in Kelvin
T_{Start}	°C oder K	Starttemperatur
T_0	°C oder K	Starttemperatur
T_0	°C oder K	Bezugstemperatur
T_1	K	Temperatur des Wärmestrahlers
T_2	K	Temperatur des Raums
U	V	Spannung
V	m^3	Volumen
V_{Luft}	m^3	Volumen von Luft im Kontaktspalt
$\dot{V}$	$\frac{m^3}{s}$ oder $\frac{1}{min}$	Volumenstrom
W	J	Elektrische Arbeit, Energiemenge

Zusammenfassung

Im Zuge der Elektrifizierung des Verkehrswesens werden vermehrt Nutzfahrzeuge mit Elektromotoren entwickelt. Trotz der Verschärfung der gesetzlichen Regularien zum Umweltschutz stellen die erforderlichen großen elektrischen Energiespeicher, die langen Ladezeiten und der Anschaffungspreis ein Hemmnis für eine größere Verbreitung dar. Die technische Weiterentwicklung der Ladetechnik und der Fahrzeugbatterien reduzieren diese Nachteile schrittweise. Für die Elektrifizierung des Fernverkehrs steht aktuell der CCS Ladestandard mit bis zu 500kW Ladeleistung zur Verfügung und wird zukünftig durch den MCS Ladestandard mit bis zu 3,75MW ergänzt. Dadurch kann innerhalb der Lenkzeitpause des Fahrpersonals die Fahrzeugbatterie für den nächsten Fahrzyklus des Langstreckentransports ausreichend nachgeladen werden.

Einhergehend mit hohen Ladeleistungen steigen auch die erforderlichen Ladeströme, die zu einer stärkeren Erwärmung der Ladekomponenten führen. Daher sind Optimierungen anzustreben, die die Wärmeentstehung reduzieren und die Abfuhr von Wärme verbessern. Die Reduktion der elektrischen Verluste steigert den Wirkungsgrad des Ladevorgangs und reduziert die Bauteilbelastung durch thermomechanische Spannungen.

Ziel dieser Dissertation ist es, den elektrischen Ladepfad mit den vier zentralen Ladekomponenten durch eindimensionale Simulationsmodelle virtuell abzubilden, die Simulationen anhand von realen Messungen zu validieren und anschließend eingehende Untersuchungen mit thermischen Optimierungsansätzen durchzuführen. Für jede Ladekomponente werden die Ansätze, Wärmeentstehung reduzieren, Wärmeaufnahme erhöhen und Wärmeleitung verbessern, diskutiert. Durch die gegenseitige thermische Beeinflussung der Ladekomponenten ist für die ganzheitliche Untersuchung des Ladepfads als Systemsimulation eine Kopplung der Modelle untereinander notwendig.

Die Erhöhung der Kontaktkraft zwischen Kontaktstift der CCS Ladedose und dem Ladestecker führte zu einem reduzierten Übergangswiderstand und damit zu einer langsameren Erwärmung. Der Ladestrom von 500A konnte dadurch 12% länger gehalten werden. Durch die Masseerhöhung der Stromleiterschienen um 50% konnte der Ladestrom von 500A um 24% länger auf einem konstanten Niveau gehalten werden. Die verbesserte Wärmeleitung des geänderten Isolatormaterials konnte eine 5%ige Verbesserung zeigen.

Zur Reduktion der Wärmeentstehung der MCS Ladedose wurden zwei verschraubte Stromschienen zu einer durchgängigen Stromschiene verbunden. Bei einem Ladestrom von 1300A reduzierte sich die Temperatur an den Kontaktstiften von 78°C auf 61°C. Zusätzlich wurde mit der Anpassung des Kühlvolumenstroms die Wärmeaufnahme der MCS Ladedose untersucht. Durch einen 33% höheren Kühlvolumenstrom konnte die Temperatur um 7K reduziert werden. 66% und 100% Volumenstromsteigerung führten zu einer Temperaturreduktion von 11K beziehungsweise 12K. Verschiedene Wärmeleitmaterialien zeigten hingegen nur eine geringe Auswirkung.

In der Sicherungsbox konnte die Temperatur an den Steckern der Ausgangsseite durch die Verwendung von Kupferschienen statt Aluminiumschienen als Widerstandsreduktionsmaßnahme von 87°C auf 75°C reduziert werden. Der Optimierungsansatz, die Wärmeaufnahme der Stecker durch zusätzliche thermische Masse in Form von Schienen zu erweitern, zeigte eine Temperaturreduktion von 87°C auf 78°C für Aluminium und von 87°C auf 76°C für Kupfer im Vergleich zur Ausgangsversion. Die Verbesserung der Wärmeleitung durch die Verwendung einer 20% kürzeren Stromschiene für die Stecker der Sicherungsbox führte zu 3K weniger Erwärmung.

Durch den Wechsel der Steckverbindung auf Verschraubung sank der Kontaktwiderstand und damit die Temperatur an der Stromverteilerbox von 79°C auf 72°C. Der Optimierungsansatz die Wärmeaufnahme durch noch reineres Kupfermaterial zu verbessern, zeigte keine Verbesserung. Die Wärmeleitung zeigte hingegen nach der Änderung der Stromschienendicke von 5mm auf 6mm nur eine geringe Temperaturreduktion.

In dieser Dissertation wurde das Temperaturverhalten der komplexen Ladekomponenten des Hochvoltladepfads durch eindimensionale, thermische Simulationsmodelle abgebildet. Die Implementierung von Wechselwirkungen und Bauteilkopplung führte zu realitätsnahen Ergebnissen. Es konnten für alle vier Ladekomponenten Ansätze zur Optimierung von Wärmeentstehung, Wärmeaufnahme und Wärmeleitung aufgezeigt werden. Die anschließende Energiebilanzierung der erzeugten Abwärme ermöglicht eine quantitative Bewertung der Optimierungsansätze. Die schnelle Anpassung von eindimensionalen Simulationen unterstützt zusätzlich die Ladekomponentenoptimierung von neuen Fahrzeuggenerationen.

Abstract

In recent decades, human influences on the environment and the global climate have increasingly become the focus of politics and public perception due to industrialization. Stricter environmental protection laws and guidelines are gradually attempting to reduce emissions of pollutants and the consumption of resources.

Global climate change is due, among other things, to the increase in carbon dioxide content in the atmosphere, which contributes to global warming due to its greenhouse effect. The combustion of fossil fuels such as oil, gas and coal generate a large proportion of CO_2 emissions.

In addition to the global environmental influences, the exhaust gases from combustion engines in automotive traffic also affect local environmental conditions in cities. The increasing awareness of the finiteness of fossil fuels has led to a steady increase in the production of electricity from renewable energy sources. The development of electrically powered vehicles has increased sharply in recent years in order to also contribute to electricity for automotive traffic and thus to a reduction in pollutant emissions.

However, the adoption of electromobility has primarily occurred in the passenger car segment. The electrification of commercial vehicles remains low due to the high energy requirements for transporting heavy loads and the additional energy required for auxiliary drive systems such as pumps or air conditioners. The large electrical energy storage units needed result in high vehicle prices and prolonged charging times.

The ongoing expansion of the charging infrastructure is crucial for further adopting electric vehicles. Currently, the CCS charging standard is the primary interface between the charging station and the vehicle in Europe. It offers a maximum charging power of 500kW. Although this standard is also utilized for charging electric commercial vehicles, an even higher charging power is necessary in this segment due to the significant energy demands of long-distance transport. The MCS charging standard, currently under development, aims to support a charging power of up to 3.75MW. This will enable large amounts of energy to be recharged within a reasonable timeframe, such as during the driver's breaks. Higher charging power also allows for a size reduction of the energy storage units by recharging more frequently.

With high charging powers, the required charging currents also increase, leading to greater heating of the charging components. Optimisations are therefore necessary to reduce heat generation and enhance heat dissipation to improve the efficiency of the charging process. Additionally, less heat decreases component load due to thermomechanical tension.

This dissertation aims to conduct in-depth, simulation-based studies of optimisation approaches to charging components and obtain more detailed insights into their thermal behaviour early in the pre-development phase. For this purpose, the chosen approach is to build a one-dimensional simulation model of the charging components using the Matlab software. A distinctive aspect of this approach is that the individual charging components are not only examined separately but interactions between them are also taken into account.

For the virtual representation of each charging component, it is necessary to abstract each component as an individual entity to capture its essential physical effects. Heat losses occur at every current-carrying electrical conductor and at each contact transition due to electrical resistance. These losses are represented as Joule's heat sources in the simulation. The three heat transfer paths of conduction, convection, and radiation are assigned to each individual module. The individual modules are interconnected to depict their interactions and are also connected to other non-conductive modules, e.g., the outer housing of the charging component. This creates a realistic representation of the complex charging component geometry through detailed approximation and linking of the individual modules.

The next step in creating a simulation is to check the model's behaviour against measurement values from real-life component tests. This process evaluates the quality of the simulation model. If necessary, adjusting any simulation parameters can improve the alignment between the simulation and reality.

In the simulation validation steps, the temperature behaviour of the charging component at a specific parameter value is predicted. Real component tests are then performed under these conditions and compared with the previously simulated results.

Experiments with all four charging components examined in this dissertation demonstrated good agreement between simulated and measured values. This provides a foundation for further investigation of optimisation approaches for these components.

This dissertation examines the four central charging components for electric vehicles: the CCS and MCS charging inlet, fuse box, and power distributor box of the DC high-voltage charging path. The CCS and MCS charging inlets are the interface for direct current charging between the charging plug of the charging station and the vehicle. They are connected to the output plugs of the fuse box via electromechanical contactors during the charging process. From there, the current flows through high-voltage cables to the power distribution box. Here, the charging current can be passed on to the vehicle battery or branched off to other power take-offs such as fans, coolant pumps, or air conditioning compressors.

In the simulations, the focus is on the heat development and heat dissipation of the charging components. The vehicle battery is regarded as an energy storage unit that can permanently absorb the charging current regardless of the charge level. For CCS charging, charging takes place with a constant current of 500A until the contact pins of the charging inlet reach a maximum permissible temperature. The gradual reduction in charging current prevents a further temperature rise. When charging via the MCS charging inlet, the charging current is constant at 1300A.

Due to the high charging currents, the heat development in the charging components increases with Joule's heating law. From a specific limit temperature, the charging current must be reduced, resulting in a lower charging power and thus a longer charging time for the vehicle battery. For thermal optimisation, the created simulation models investigate the improvement potentials at the four charging components, following three approaches. The first two approaches are to reduce the generation of heat and to absorb the inevitably generated heat as effectively as possible to delay the temperature rise. The third measure examines the optimisation of heat conduction for better heat dissipation.

In the case of the CCS charging inlet, the approach is chosen to increase the contact force at the contact pin of the charging inlet and the charging plug of the charging station to achieve a lower contact transition resistance. The simulation shows that, compared to the initial version, the charging current of

500A can be maintained for 100 seconds, or 12% longer, until the previously defined maximum temperature of 85°C is reached.

The optimisation to increase the heat absorption of the CCS charging inlet follows the approach of slowing down the temperature rise of the current-carrying conductors through a higher thermal mass, as the sensor for temperature detection is located close to it. For this purpose, the mass of the busbars has been increased by 50%. This resulted in a 24% slower temperature rise, which allows the charging current of 500A to be maintained for 200 seconds longer.

To improve the thermal conductivity of the CCS charging inlet, the heat transfer from the current-conducting rails is adapted via the insulator to the housing of the CCS charging inlet. For this purpose, the starting material of the insulator is changed from polyamide 66 to aluminium oxide. Due to the improved heat dissipation, the charging current can be maintained for 44 seconds longer, corresponding to a 5% improvement.

Different optimisation approaches are deliberately selected to optimise the MCS charging inlet compared to those for the CCS charging inlet. To investigate the effect on the generation of heat at the screw connection of two busbars in the MCS charging inlet, a continuous busbar without a screw connection is modelled for the optimisation approach. By eliminating the contact resistance at the screw connection, a temperature reduction of 12K to 58°C can be achieved. At the temperature-critical contact pin, the temperature could be reduced by 17K from 78°C to 61°C.

To improve the heat absorption of the MCS charging inlet, it is investigated how altering the cooling volume flow of the fuse box affects the MCS contact pin temperature. Assuming a contact pin temperature of 78°C at a 1300A charging current, a temperature reduction of 7K with a 33% increase in the cooling volumetric flow is shown. When the volumetric flow rate is increased to 66%, the reduction is 11K, and with a 100% increase in volumetric flow rate, the temperature at the MCS contact pin can be reduced by 12K. The simulations indicate that the temperature at the more distant MCS contact pin can be influenced by the coolant flow due to greater heat absorption. However, the impact on the temperature change at the MCS contact pin diminishes as the volumetric flow rate of the coolant increases.

The heat-conducting material between the busbars of the MCS charging inlet enables thermal conduction to the housing of the fuse box. The composition of the ingredients in the heat-conducting material can be used to influence its heat-conducting properties, which are investigated in the third optimisation approach for the MCS charging inlet. Assuming an MCS contact pin temperature of 78°C for a thermally conductive material with $4\,\frac{W}{m \cdot K}$, the simulation shows a temperature reduction of 2K for a thermally conductive material with $6\,\frac{W}{m \cdot K}$, and 3K for a thermally conductive material with $8\,\frac{W}{m \cdot K}$.

The same temperature evaluation is carried out for the area of the busbar from the MCS charging inlet. For the initial version of the heat-conducting material with $4\,\frac{W}{m \cdot K}$ the temperature is 70°C. The use of heat-conducting material with $6\,\frac{W}{m \cdot K}$ reduces this by 3K or by 4K when using a heat-conducting material with $8\,\frac{W}{m \cdot K}$.

The fuse box is analysed next. The influence of the busbar material on the temperature behaviour of the connectors on the output side of the fuse box is investigated. Due to copper's lower electrical resistance compared to aluminium, a temperature drop from 87°C to 75°C was demonstrated.

To increase the heat absorption at the output connectors of the fuse box, additional cooling rails are installed to increase the thermal mass. Compared to the initial situation without cooling rails, the temperature is reduced from 87°C to 78°C with aluminium cooling rails. Using copper cooling rails could lower the temperature by a further 2K. In addition to the positive influence of the cooling rails on the temperature, the simulation shows that the impact of the increased thermal mass is not yet noticeable in the first minutes of the charging time, as the mass in the initial version is sufficiently large to dissipate the heat.

Lowering the connectors from the fuse box by 20% could also improve the heat conduction, as this reduces the distance to the liquid-cooled housing of the fuse box. The simulation shows a temperature change from 87°C to 84°C.

The fourth charging component examined is the power distribution box. As an optimisation approach, the plug connection is replaced with a screw connection. The reduced contact resistance lowers the temperature from 79°C to 72°C under the selected simulation boundary conditions.

The effects of conductor rails made from copper and aluminium are investigated under the optimisation approach to influence the power distribution box's heat absorption. The conductor rail with a purity content of 99.99% copper shows no significant difference compared to the reference version with a purity content of 99.9% copper. On the other hand, the aluminium conductor rail increases the final temperature by 4K to 83°C.

The influence of the conductor cross-section on heat conduction is examined in the final examination of the power distribution box. Reducing the thickness of the current conductor from 5mm to 4mm leads to a temperature increase of 2K to 81°C. Increasing the conductor thickness to 6 mm slightly improves the thermal conductivity and reduced the temperature to 78°C.

Following the detailed examination of the charging components, an energy balance study is carried out for each optimisation approach. This determines how much heat the charging components generate during a charging process and how much energy can be saved by the optimisation measure. This supports the assessment of optimisation approaches by means of quantifiable values.

In conclusion, this dissertation establishes that the complex charging components of the high-voltage charging path can be realistically modelled using one-dimensional thermal simulation models. The validated simulations provide insights into the impact of optimisation approaches for the further development of charging components. For all four charging components, analyses for reducing heat generation, improving heat absorption, and enhancing heat conduction are presented. This reduces heat losses, leading to a lower thermal load on components while simultaneously saving energy. The rapid adaptation of one-dimensional simulations is suitable for pre-development and designing new vehicle configurations. This enables the optimisation of charging components already in the concept phase, allowing for the more targeted development of new vehicle generations.

1 Einleitung

Im Zuge der weltweiten Elektrifizierung des Automobilbereichs wurden in den letzten Jahren auch vermehrt Nutzfahrzeuge mit elektrischen Antrieben entwickelt [1].

Im Vergleich zum PKW für den Individualverkehr stellt im Nutzfahrzeugbereich insbesondere das schnelle Laden der großen Energiespeicher eine große Herausforderung dar [2]. Eine kurze Standzeit durch schnelle Ladezeiten ermöglicht eine schnellere Verfügbarkeit der Nutzfahrzeuge. Dies ist für die Wirtschaftlichkeit im Logistikbetrieb von großer Bedeutung [3].

Aufgrund der europaweiten Verbreitung von CCS (Combined Charging System) verwenden auch elektrifizierte Nutzfahrzeuge zur Zeit diesen Ladestandard [4].

Für eine schnelle Ladung der Energiespeicher über die CCS Ladedose sind entsprechend hohe Ladeleistungen erforderlich, die mit hohen Ladeströmen einhergehen [5]. Der Nutzfahrzeugbereich geht dabei an die Grenzen des CCS Normierungsstandards [6]. Ausgelegt ist der CCS 2.0 Standard für bis zu 500A bei bis zu 1000V [7].

Um den steigenden Anforderungen und dem größeren Energiebedarf speziell von elektrisch angetriebenen Nutzfahrzeugen gerecht zu werden, befindet sich der MCS (Megawatt Charging System) in der Entwicklung [8]. Dieser Standard sieht eine Stromstärke von bis zu 3000A bei bis zu 1250V vor [9].

Einhergehend mit Ladeströmen von mehreren hundert Ampere und dem elektrischen Widerstand der Ladekomponenten entstehen auch Verluste in Form von Wärme [10]. Zwecks Steigerung der Ladeeffizienz ist es prinzipiell erstrebenswert, die gesamte Wärmeentstehung möglichst gering zu halten [11]. Neben der Einsparung von Energiekosten können dadurch fahrzeugseitig die Kühlkomponenten kleiner dimensioniert werden, was sich in einem leichteren Fahrzeuggewicht und damit in einem niedrigeren Energieverbrauch im Fahrbetrieb äußert [12].

Gleichzeitig führt ein geringerer und langsamerer Temperaturanstieg in den Ladekomponenten auch zu einer geringeren Materialspannung durch

© Der/die Autor(en), exklusiv lizenziert an
Springer Fachmedien Wiesbaden GmbH, ein Teil von Springer Nature 2026
J. Krings, *Thermische Simulation des elektrischen Ladepfads bei
Elektro-Nutzfahrzeugen*, Wissenschaftliche Reihe Fahrzeugtechnik
Universität Stuttgart, https://doi.org/10.1007/978-3-658-51550-8_1

reduzierte Temperaturdifferenzen, was die Langlebigkeit der Ladekomponenten begünstigt [13].

Ziel bei der Auslegung der Ladepfadkomponenten ist daher immer, den elektrischen Wirkungsgrad zu erhöhen und dadurch die Erwärmung der Bauteile zu reduzieren [14]. Weiter sollen die Ladekomponenten möglichst lange den gewünschten Ladestrom führen können, ohne durch Überschreiten der maximal zulässigen Bauteiltemperatur den Ladestrom reduzieren zu müssen. Dazu müssen die Ladekomponenten die im Inneren entstehende Wärme bestmöglich am Ort der Entstehung aufnehmen und zusätzlich die Wärme weiterleiten, damit sie an die Umgebung abgegeben werden kann. Dabei dürfen jedoch die Temperaturgrenzwerte von berührbaren Bauteilen zum Schutz des Menschen nicht überschritten werden [15].

Um bereits frühzeitig in der Ladekomponentenentwicklung thermische Optimierungsansätze zu überprüfen, bieten sich thermische Simulationstests an [16]. Durch das simulationsbasierte Testen der neuen Konstruktionsansätze zur Bauteiloptimierung können im Vorfeld die zu erwartenden Ergebnisse quantifiziert und im besten Fall Iterationsschleifen in der Bauteilentwicklung reduziert werden [17]. Die thermische Bauteilsimulation in der Vorauslegung hilft dabei die Dimensionierung der Ladekomponenten zu definieren und dadurch zielgerichtet erste Ladekomponentenprototypen zu bauen, mit denen erste Tests und Messungen durchgeführt werden können [18].

Bei der bisherigen Ladekomponentenentwicklung wurden die Bauteile einzeln ausgelegt und getestet. In dieser Abhandlung wird der Ansatz diskutiert, alle Ladekomponenten des Ladepfads durch kompakte eindimensionale thermische Simulationsmodelle abzubilden und zusätzlich mit thermischen Abhängigkeiten untereinander zu koppeln. Dadurch können bereits vor der realen Prototypenentwicklung Optimierungen an den Ladekomponenten im Verbund bewertet werden. Durch die Simulation von Ladekomponenten ist ein detaillierterer Einblick in das thermische Temperaturverhalten der Bauteile möglich. Dies führt zu einer genaueren Auslegung der Ladekomponenten, wodurch Material effizienter genutzt und Abwärme reduziert werden kann.

Nach dem Stand der Technik und den Grundlagen zur Simulation werden die einzelnen Ladekomponenten und die thermischen Optimierungsansätze erläutert und die Ergebnisse ausgewertet. Dies bildet die Basis für die Energiebilanzierung der entstehenden Abwärme der Ladekomponenten und wird abschließend diskutiert.

2 Stand der Technik

In den folgenden Kapiteln wird ein kurzer Überblick zu der Umweltbelastung durch den Straßenverkehr gegeben und fahrzeugtechnische Alternativen mit dem Schwerpunkt auf batterieelektrisch angetriebene Nutzfahrzeuge aufgezeigt. Anschließend wird auf die Strombereitstellung und die Ladestationen eingegangen. Zusätzlich werden die wichtigsten Ladesysteme erläutert. Abschließend werden der Ladepfad und die Ladekomponenten des Elektrofahrzeugs vorgestellt.

2.1 Umweltbelastung durch Straßenverkehr

Aktuell werden für den Betrieb von Fahrzeugen hauptsächlich Verbrennungsmotoren eingesetzt [19]. Als primärer Energieträger kommen endliche fossile Brennstoffe aus Mineralöl zum Einsatz [20], die bei der Verbrennung mit Luft neben Schadstoffen hauptsächlich CO_2 (Kohlenstoffdioxid) emittieren [21].

Im Jahr 2019 entfielen von den durch den Menschen weltweit verursachten CO_2-Emissionen 7% auf PKW (Personenkraftwagen) und 10% auf LKW (Lastkraftwagen) [22]. In der Europäischen Union lagen im gleichen Jahr die CO_2-Emissionen des Straßenverkehrs bei rund 26% [23].

Das prinzipiell ungiftige Kohlenstoffdioxid trägt durch seine Treibhauseigenschaften zur weltweiten Klimaerwärmung bei [24]. Insbesondere der starke Konzentrationsanstieg dieses Gases in der Atmosphäre seit dem Beginn der Industrialisierung wird damit in Verbindung gebracht [25]. Zum Zweck des Schutzes der Umwelt und der Gesundheit der Menschen gibt es vermehrt Umweltauflagen, die die Grenzwerte für Schadstoffe [26], [27] und den CO_2-Ausstoß definieren [28]. Neben der Nutzung und dem Speichern von CO_2 [29] liegt das Hauptaugenmerk vor allem auf der Reduktion von CO_2 [30].

Dadurch rücken insbesondere Möglichkeiten zur Nutzung von erneuerbaren Energiequellen in den Fokus, die den Verbrennungsmotor durch alternative Antriebe ersetzen können [31]. Durch den Einsatz von Elektromotoren ist beispielsweise ein schadstoffarmer, lokaler Betrieb von Fahrzeugen möglich [32].

© Der/die Autor(en), exklusiv lizenziert an
Springer Fachmedien Wiesbaden GmbH, ein Teil von Springer Nature 2026
J. Krings, *Thermische Simulation des elektrischen Ladepfads bei
Elektro-Nutzfahrzeugen*, Wissenschaftliche Reihe Fahrzeugtechnik
Universität Stuttgart, https://doi.org/10.1007/978-3-658-51550-8_2

Allerdings wurden im Jahr 2022 weltweit für die Stromerzeugung in Kraftwerken circa 81% fossile Energieträger, wie Öl, Kohle und Gas, verwendet. Der Anteil von erneuerbaren Energiequellen aus Sonne, Wind, Erdwärme, Gezeiten und Wasserkraft liegt derzeit bei insgesamt circa 5,6% [33]. Um die Umweltbelastung bei der Stromerzeugung und deren vorher beschriebene Folgen zu reduzieren, ist die Nutzung erneuerbarer Energiequellen in signifikant höherem Umfang erforderlich, damit die Gesamtbilanz des Schadstoffausstoßes von Elektrofahrzeugen sinkt.

Unter den alternativen Antrieben mit Elektromotoren ist insbesondere die Anzahl an rein batterieelektrisch angetriebenen Fahrzeugen stetig gewachsen [34]. Im Jahr 2020 betrug die Anzahl der batterieelektrisch angetriebenen PKW in Deutschland noch circa 136.000. Sie wuchs im Jahr 2022 auf 618.000 und im Jahr 2024 auf 1.408.000 Fahrzeuge [35].

Eine vergleichbare Entwicklung ist auch für elektrisch angetriebene Nutzfahrzeuge zu erkennen. Im Jahr 2021 waren in Deutschland 32.210 elektrisch angetriebene Nutzfahrzeuge im Einsatz. Zwei Jahre später, im Jahr 2023, wuchs die Zahl auf 60.803 [36].

2.2 Elektrisch angetriebene Langstreckenfahrzeuge

Unter den elektrisch angetriebenen Nutzfahrzeugen macht momentan die Anzahl der Langstreckenfahrzeuge nur einen kleinen Prozentsatz aus [37]. Die Gründe liegen in dem großen Energiebedarf, den die Langstreckenfahrzeuge für den Transport dauerhaft benötigen. Die aktuelle Ladetechnologie stellt nicht ausreichend Leistung für diesen Verwendungszweck zur Verfügung, um in den kurzen Lenkzeitpausen der Fahrer ausreichend Strom nachzuladen. Folglich wären unverhältnismäßig große Batteriekapazitäten erforderlich, die sich in einem höheren Fahrzeuggewicht und Anschaffungspreis widerspiegeln [38].

Die stetig sinkenden Energiespeicherkosten tragen nun zu einer Umsetzbarkeit von elektrischen Langstreckenfahrzeugen bei [39]. Ebenfalls wird die technische Weiterentwicklung der Ladetechnologie stetig vorangetrieben, zu der diese Arbeit einen Beitrag leisten soll.

Abbildung 2-1: Mercedes-Benz eActros 600, Detail CCS Ladedose [40]

Exemplarisch für elektrisch angetriebene Langstreckenfahrzeuge sei der, in Abbildung 2-1 gezeigte, Mercedes-Benz eActros 600 aufgeführt. In der Detailansicht ist die CCS Ladedose mit verbundenem Ladestecker dargestellt. Das Fahrzeug besitzt eine Reichweite von 500km und wird durch einen Elektromotor mit 400kW elektrischer Dauerleistung und einer Spitzenleistung von 600kW, über ein 4-Gang Getriebe, angetrieben. Der elektrische Energiespeicher basiert auf einer Lithium-Eisenphosphat Technologie und hat eine Spannung von circa 800V [41].

2.3   Strombereitstellung für Ladestationen

Die elektrische Energie aus den primären oder erneuerbaren Energiequellen wird über das Hochspannungsstromnetz via Hochspannungsleitungen zum elektrischen Energieverbraucher, wie etwa Ladestationen, weitergeleitet. Das für die Überbrückung von weiten Strecken effiziente Hochspannungsniveau wird auf dem Weg dorthin in mehreren Schritten auf ein passendes, niedrigeres Spannungsniveau transformiert [42].

2.4   Ladestationen und Ladeverfahren

Die Aufgabe der Ladestation ist eine sichere, elektrische Verbindung zu dem Elektrofahrzeug aufzubauen und den Strom an die Erfordernisse des Fahrzeugs beim Laden anzupassen [43].

Beim Gleichstromladen wird der Wechselstrom aus dem Stromnetz durch den Gleichrichter der Ladestation in den für die Fahrzeugbatterie erforderlichen Gleichstrom mit der gewünschten Spannung gewandelt [44] und in Form elektrochemischer Energie [45] gespeichert. Durch die ausgelagerte Stromwandlung entfällt der Gleichrichter im Elektrofahrzeug. Der Vorteil liegt neben der Einsparung von Bauteilkosten, Bauraum und Gewicht im Fahrzeug auch in der hohen übertragbaren Ladeleistung durch den leistungsfähigen Ladestationsgleichrichter [46]. Daher eignet sich das Gleichstromladen besonders zum schnellen Laden von Elektrofahrzeugen und für große Energiespeicher wie denen von elektrischen Nutzfahrzeugen [47].

Vollständigkeitshalber sei auch noch das Wechselstromladen erwähnt, bei dem die Ladestation den Wechselstrom lediglich auf ein für das Fahrzeug passendes Niveau ändert [48]. Die anschließende Wandlung in Gleichstrom erfolgt dann über einen Gleichrichter, der im Fahrzeug verbaut ist [49]. Die sich daraus ergebenden Nachteile und die geringe Ladeleistung sprechen gegen den Einsatz dieser Ladetechnik im Langstreckennutzfahrzeugbereich. Da in dieser Arbeit das betrachtete Fahrzeug keinen Gleichrichter besitzt, wird hier nur das Gleichstromladen betrachtet.

Unabhängig vom Ladeverfahren ist der Erfolg der Elektromobilität an die Verfügbarkeit von Ladestationen gekoppelt [50], [51]. Im Jahr 2019 wurden europaweit rund 7.000 Ladestandorte gelistet [52]. Seit Ende 2024 sind in Europa 79.000 Ladestandorte verfügbar [53], die mehr als 900.000 Ladepunkte für Elektrofahrzeuge bieten. Davon bieten circa 83% der Ladepunkte Wechselspannungsladen an. 7% der Ladepunkte verfügen über reines Gleichstromladen mit geringer Ladeleistung und 10% sind für Gleichstromladen mit hoher Ladeleistung ausgelegt [54]. Im Jahr 2022 hat die deutsche Bundesregierung den Aufbau von einer Million frei zugänglicher Ladepunkte bis zum Jahr 2030 angekündet [55]. Seit 2024 gibt es 152.332 Ladepunkte in Deutschland, von denen 63% öffentlich zugänglich sind [56]. Schätzungen zufolge werden zwischen 3,5 und 8,8 Millionen Ladepunkte bis 2030 in Europa benötigt, um die gesetzten Klimaziele zu erreichen [57].

2.5 Ladesystem CCS (Combined Charging System)

Das CCS Ladesystem ist deutschland- und europaweit der verbreitetste Standard zum Laden von Elektrofahrzeugen. Die Verbreitung ist unter anderem auf eine Richtlinie aus dem Jahr 2014 [58] und die Ladesäulenverordnung aus dem Jahr 2016 zurückzuführen [59]. Hier wurden der CCS Typ 2 Stecker für Wechselstromladen ab 3,6kW und der CCS Combo 2 Stecker für Gleichstromladen ab 22kW als Standard festgelegt.

Der Aufbau des CCS Steckers und der passenden CCS Ladedose sind in der Norm DIN EN IEC 62196 definiert.

Die CCS Typ 2 Ladedose [60] ermöglicht ein 1- oder 3-phasiges Wechselstromladen über die Kontakte L1, L2, L3 und dessen Neutralleiter N, Abbildung

2-2. Der Kontakt PE (Protective Earth) dient als Schutzleiter gegen elektrischen Schlag. Der Kontakt CP (Control Pilot) dient als Kommunikationsleitung zum Austausch von Ladeinformationen zwischen Elektrofahrzeug und Ladestation. Durch den PP (Proximity Pilot) Kontakt wird die kontinuierliche Verbindung des Ladesteckers mit der Ladedose des Fahrzeugs überwacht [61].

Abbildung 2-2: Verschiedene Ausführungen von CCS Ladedosen

Zur Sicherheit gegen elektrische Gefahren beim Laden besitzen die Kontakte unterschiedliche Längen. Somit werden beim Steckvorgang zuerst der Schutzkontakt verbunden und zuletzt die Kontakte der Kommunikationsleitung zur

Leistungsfreigabe. Außerdem wird der Ladestecker über eine elektromechanische Verriegelung gegen ein Abziehen während des Ladevorgangs gesichert [62].

Der CCS Combo 2 Stecker [63] entspricht im oberen Teil dem Aufbau des CCS Typ 2 Steckers, besitzt aber zusätzlich noch einen Plus- und Minuskontakt für das Gleichstromladen. Unterstützt die Ladestation nur Gleichstromladen, so entfallen die Kontakte L1, L2, L3 und N für das Wechselstromladen. Die maximale Gleichstromladeleistung beträgt 500kW bei maximal 1000V und 500A [64], [65].

Zur Einhaltung des maximalen Temperaturwertes von 90°C an den Kontaktstiften ist ein Temperatursensor in der Ladedose verbaut. Ein Teil der Wärme, die an den Kontakten beim Laden entsteht, kann über den flüssigkeitsgekühlten Ladestecker abgeführt werden [66].

2.6   Ladesystem MCS (Megawatt Charging System)

Der MCS Standard wurde auf den Erfahrungen des CCS Standards aufgebaut und für das Laden von großen Energiemengen in kurzer Zeit optimiert, wie es beispielsweise im Nutzfahrzeugbereich erforderlich ist.

Im Hinblick auf den Ferntransportverkehr soll die gesetzlich vorgeschriebene Lenkzeitpause von 45 Minuten nach einer Fahrzeit von spätestens 4,5 Stunden für Berufskraftfahrer [67] genutzt werden, um ausreichend Energie für den nächsten Fahrabschnitt nachzuladen. Das Nachladen ermöglicht günstigere und kleinere Fahrzeugbatterien, die sich positiv auf das Fahrzeuggewicht auswirken. Dadurch kann das Fahrzeug mehr Nutzlast transportieren [68].

Daher ist das MCS Ladesystem für das Gleichstromladen bei bis zu 1250V und 3000A mit einer maximalen Ladeleistung von bis zu 3,75MW ausgelegt [69]. Die Anforderungen an die Ladestation sind in der DIN EN IEC 61851-23-3 beschrieben [70].

Aufgrund der Ladeleistungen ist ausschließlich das Gleichstromladen über den Plus- und Minuskontakt vorgesehen. In Abbildung 2-3 ist die Ähnlichkeit der Kontakte PE, PP und CP zu dem Aufbau und der Funktion vom CCS erkennbar [71]. Hinzugekommen sind beim MCS zwei Kommunikationskontakte

Comm. Die Veröffentlichung der Norm des MCS Ladestandards ist für das Jahr 2025 vorgesehen.

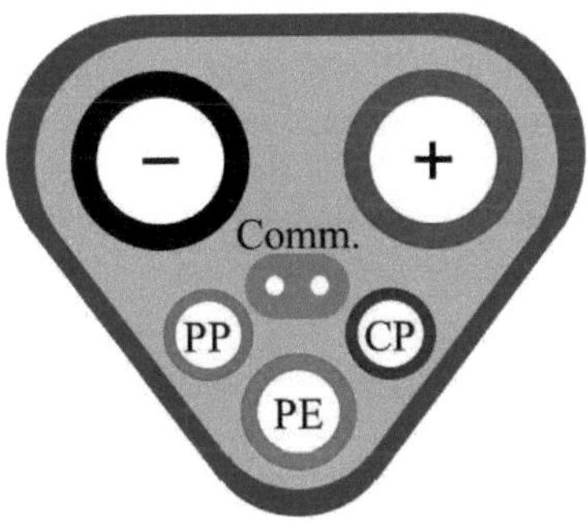

Abbildung 2-3: Kontakte von MCS Ladedose

Aufgrund der hohen Ladeleistungen und der zu erwartenden Wärmeentwicklung ist die maximal zulässige Kontakttemperatur auf 100°C angehoben worden. Zur Übertragung von hohen Ladeleistungen werden flüssigkeitsgekühlte Stromkabel und Ladestecker verwendet [72].

2.7 Ladepfad und Ladekomponenten eines Elektrofahrzeugs

Abbildung 2-4 zeigt die wichtigsten Ladekomponenten für ein Elektrofahrzeug, welches ausschließlich Gleichstromladen unterstützt. Entsprechend des verfügbaren Ladesteckers an der Ladestation wird der Gleichstrom über die CCS oder MCS Ladedose in das Fahrzeug geleitet. Durch die Datenkabel der Ladestecker werden Informationen zwischen der Ladestation und dem Fahrzeug ausgetauscht, mit denen der gesamte Ladevorgang überwacht wird. Außerdem kann bei flüssigkeitsgekühlten Ladekabeln ein Teil der Abwärme aus der Ladedose abgeführt werden.

Die CCS Ladedose ist über Hochvoltkabel mit der flüssigkeitsgekühlten Sicherungsbox verbunden, wohingegen die MCS Ladedose direkt mit dieser verbaut ist. Die Sicherungsbox übernimmt die Aufgabe der Ladeüberwachung von Strom und Spannung. Außerdem enthält sie in Reihe geschaltete Schütze und Pyrosicherungen als Sicherungselemente.

Die Schütze stellen während des Ladevorgangs eine elektrische Kontaktierung zu den restlichen Komponenten des Ladepfads her. Nach Beenden des Ladevorgangs öffnen die Schütze wieder, damit die Ladedosen spannungsfrei sind. Im Falle eines Kurzschlusses während des Ladens können die Pyrosicherungen den Ladepfad einmalig sehr schnell unterbrechen.

Über weitere Hochvoltkabel wird der Strom von der Sicherungsbox zur Stromverteilerbox geleitet. Diese leitet den Ladestrom an die Batterie weiter und bei Bedarf auch an weitere elektrische Verbraucher wie Lüfter, Pumpen oder elektrische Nebenabtriebe. Nachdem der Ladevorgang beendet wurde und der Ladestecker entfernt ist, kann die Stromverteilerbox den in der Batterie gespeicherten Strom an den Elektromotorinverter weiterleiten, der für die Leistungssteuerung des E-Motor Fahrzeugantriebs zuständig ist.

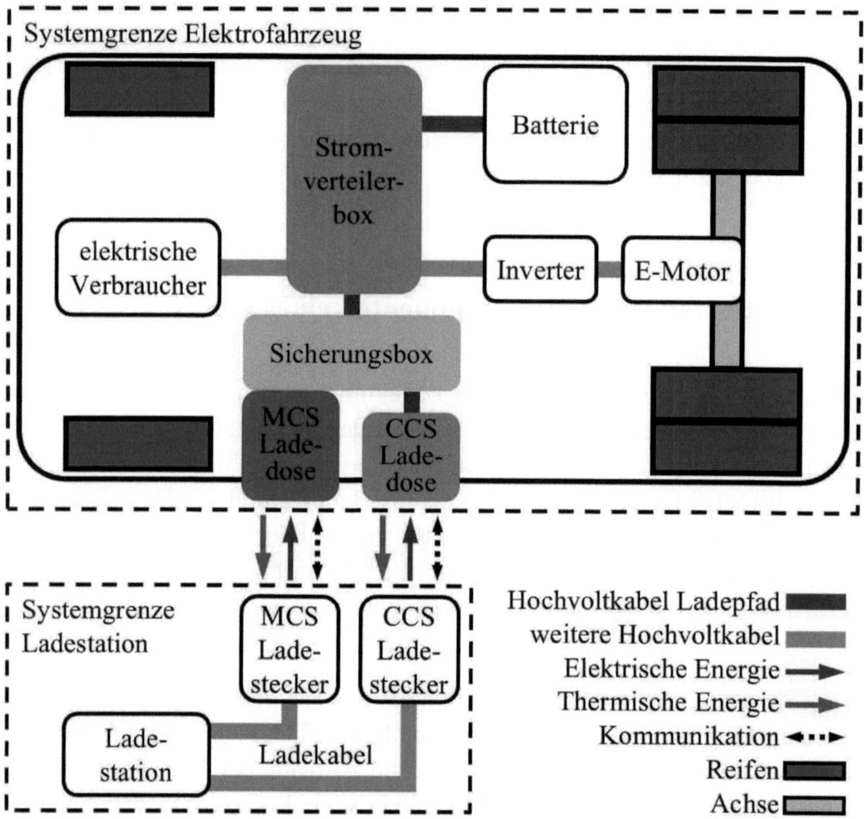

Abbildung 2-4:Übersicht: Hochvoltladepfad des elektrischen Nutzfahrzeugs

3 Technische Grundlagen

Die nachfolgenden Kapitel beschreiben die grundlegenden Zusammenhänge und wichtigsten Formeln für die elektrothermische Simulation von Ladekomponenten.

3.1 Elektrische Grundlagen

Durch einen elektrischen Leiter können frei bewegliche Ladungsträger fließen. Dieser gerichtete Transport wird als elektrischer Strom I bezeichnet. Die Einheit für den Strom ist Ampere und wird mit A abgekürzt [73].

Der Strom von freien Elektronen durch einen elektrischen Leiter erzeugt ein magnetisches Feld und wirkt der Bewegung entgegen. Dieser Widerstand führt zu einer Erwärmung des Leiters. Die treibende Kraft für die Elektronen zwischen zwei Punkten ist der Spannungsunterschied U. Dieser trägt die Einheit V für Volt [74].

Der Widerstand eines Leiters ist eine materialspezifische Eigenschaft. Er ist temperaturabhängig und kann stellenweise als linear betrachtet werden. Der spezifische Widerstand $\rho(T)$ bei der Temperatur T ist laut Gleichung 3.1 durch den gemessenen spezifischen elektrischen Widerstand $\rho(T_0)$ bei der Bezugstemperatur T_0 und mit dem Temperaturkoeffizienten α beschrieben [75]. Der spezifische Widerstand ρ wird meist in der Einheit $\frac{\Omega \cdot mm^2}{m}$ angegeben:

$$\rho(T) = \rho(T_0) \cdot \left(1 + \alpha \cdot (T - T_0)\right) \qquad \text{Gl. 3.1}$$

Der elektrische Widerstand R eines Leiters wird mit der Einheit Ω angegeben [76]. Er steht mit dem Leiterquerschnitt A, der Leiterlänge l und dem spezifischen Widerstand ρ über Gleichung 3.2 im Zusammenhang [77]:

© Der/die Autor(en), exklusiv lizenziert an
Springer Fachmedien Wiesbaden GmbH, ein Teil von Springer Nature 2026
J. Krings, *Thermische Simulation des elektrischen Ladepfads bei
Elektro-Nutzfahrzeugen*, Wissenschaftliche Reihe Fahrzeugtechnik
Universität Stuttgart, https://doi.org/10.1007/978-3-658-51550-8_3

$$R = \rho \cdot \frac{l}{A} \qquad\qquad \text{Gl. 3.2}$$

Das Ohm'sche Gesetz [76], Gleichung 3.3, beschreibt den Zusammenhang zwischen Spannung U, Strom I und elektrischem Widerstand R:

$$U = I \cdot R \qquad\qquad \text{Gl. 3.3}$$

Die elektrische Arbeit oder Energiemenge W ergibt sich aus der Bewegung von freien Ladungsträgern, repräsentiert als Strom I, gegen eine gerichtete Kraft, die als Spannung U beschrieben werden kann, Gleichung 3.4.

Bei zeitabhängigem Strom I(t) und Spannung U(t) ergibt sich die elektrische Arbeit W durch das Integral über dem Zeitraum von $t_0 \leq t \leq t_1$ [78]:

$$W = \int_{t_0}^{t_1} I(t) \cdot U(t)\, dt \qquad\qquad \text{Gl. 3.4}$$

Allgemein kann die Leistung P als Differential der Arbeit W pro Zeit dt definieren werden, Gleichung 3.5 [78]:

$$P = \frac{W(t)}{dt} \qquad\qquad \text{Gl. 3.5}$$

Die Definition der elektrischen Arbeit W aus Gleichung 3.4 in Gleichung 3.5 eingesetzt, ergibt die elektrische Leistung $P_{elektrisch}$, Gleichung 3.6 [79]:

$$P_{elektrisch} = I \cdot U = I^2 \cdot R \qquad\qquad \text{Gl. 3.6}$$

3.1.1　Elektrischer Kontaktwiderstand

In Abbildung 3-1 (oben links) ist eine mikroskopische Detailansicht von zwei Kontaktflächen gezeigt, die sich aufgrund von Rauheitsspitzen nur geringfügig berühren. Die von links kommenden homogenen Stromlinien müssen sich auf die wenigen Kontaktpunkte beschränken, um zum anderen Kontaktpartner zu gelangen. Die Einschnürungen führen zu elektrischen Verlusten und äußern sich in einer Erwärmung der Kontakte, siehe Kapitel 3.2.4. Die vereinfachte Darstellung in Abbildung 3-1 (oben rechts) zeigt den vorher beschriebenen Effekt noch mal als Zusammenfassung. Darin ist auch der Luftspalt zu erkennen, über den kein Strom übertragen wird [80].

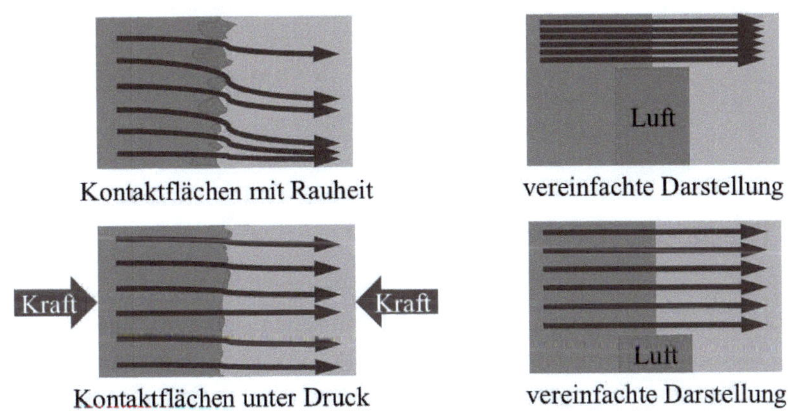

Abbildung 3-1: Elektrischer Kontaktwiderstand bei Kontaktkrafterhöhung

Um die leitende Fläche des Kontakts zu erhöhen, können die Rauheitsspitzen durch eine höhere Kontaktkraft abgeflacht werden, Abbildung 3-1 (unten links). Der ungestörtere Verlauf des Stroms ist durch die gradlinigeren Strompfeile angedeutet. In der vereinfachten Darstellung bei einer erhöhten Kontaktkraft, Abbildung 3-1 (unten rechts), ist der leitende Querschnitt daher vergrößert dargestellt. Der ungehinderte Strom äußert sich in einem geringeren Kontaktwiderstand und einer geringeren Wärmeentwicklung.

Die Berechnung der Änderung des Kontaktwiderstands kann in Anlehnung an das Verhalten von Hochstrom-Steckverbindungen mit Kontaktelementen bei kurzer Strombelastung [81] beschrieben werden. Der Engewiderstand des

Kontakts R_E hängt von der Leitfähigkeit ρ, der Kontakthärte H_K und der senkrecht auf dem Kontakt stehenden Kontaktkraft F_K ab, Gleichung 3.7:

$$R_E = \frac{\rho}{2 \cdot \sqrt{\dfrac{F_K}{\pi \cdot H_K}}} \qquad\qquad \text{Gl. 3.7}$$

Eine Aussage über die prozentuale Reduktion des Kontaktwiderstands $Red_{Kontakt}$ bei Erhöhung der Kontaktkraft $F_{K\ Basis}$ auf $F_{K\ Erhöht}$, ergibt sich durch Einsetzen von Gleichung 3.7 in Gleichung 3.8:

$$Red_{Kontakt} = 1 - \frac{R_{E\ Erhöht}}{R_{E\ Basis}} = 1 - \frac{1}{\sqrt{\dfrac{F_{K\ Erhöht}}{F_{K\ Basis}}}} \qquad\qquad \text{Gl. 3.8}$$

3.2   Thermische Grundlagen

Nachfolgend wird ein Überblick der drei thermischen Hauptmechanismen zur Wärmeübertragung durch Konduktion, Konvektion und Radiation mit den entsprechenden Formeln gegeben, sowie der thermische Kontaktwiderstand erklärt.

3.2.1   Konduktion (Wärmeleitung)

Konduktion oder Wärmeleitung beschreibt den Energietransport aufgrund atomarer oder molekularer Wechselwirkungen innerhalb eines oder zwischen mehreren physikalischen Systemen von Festkörpern, Flüssigkeiten oder Gasen, ohne sich selber zu bewegen [82]. Dies wird auch als Wärmedurchgang bezeichnet. Bei Fluiden wird die Bewegungsenergie durch Zusammenstöße mittels Impulsübertragung auf die benachbarten Teilchen weitergegeben. Bei nichtmetallischen Festkörpern wird die Bewegungsenergie über elastische Bindungskräfte in Form von Schwingungsenergie von den Teilchen übertragen [83]. In metallischen Festkörpern tragen neben der schwingenden Gitterstruktur noch die freien Elektronen zu einer erhöhten Wärmeleitfähigkeit bei, die um den Faktor 10 bis 100 größer ist [84]. Im Bereich der Kontaktfläche von zwei Körpern kann die Wärme auch von einem Körper auf den anderen Körper übertragen werden, was auch als Wärmeübergang bezeichnet wird [85]. Laut des Zweiten Hauptsatzes der Thermodynamik ist die Wärmestromrichtung stets von dem energetisch höheren, wärmeren Niveau in Richtung des energetisch niedrigeren, kälteren Niveaus [86]. Im Folgenden sind die wichtigsten Formeln für die Berechnung der Konduktion aufgeführt.

Die Masse m eines Körpers ergibt sich aus dessen Volumen V und seiner materialspezifischen Dichte ϱ, Gleichung 3.9:

$$m = V \cdot \varrho \qquad \text{Gl. 3.9}$$

Das Volumen V eines Quaders ist die Multiplikation des Querschnitts A mit der Bauteillänge l, Gleichung 3.10:

$$V = A \cdot l \qquad \text{Gl. 3.10}$$

Die thermische Kapazität C_{th} beschreibt die Fähigkeit eines Körpers, thermische Energie zu speichern und wieder abzugeben. Sie steht dabei im proportionalen Verhältnis zu der Masse m des Bauteils, die auch als thermische Masse bezeichnet wird, Gleichung 3.9, und der spezifischen Wärmekapazität c, Gleichung 3.11, [87]:

$$C_{th} = m \cdot c \qquad \text{Gl. 3.11}$$

Die thermische Kapazität C_{th} multipliziert mit der Temperaturänderung dT als zeitliche Ableitung dt ergibt den Wärmestrom $\dot{Q}$, den die Masse m mit der spezifischen Wärmekapazität c aufnimmt oder abgibt, Gleichung 3.12, [88]:

$$\dot{Q} = C_{th} \cdot \frac{dT}{dt} = m \cdot c \cdot \frac{dT}{dt} \qquad \text{Gl. 3.12}$$

Der thermische Widerstand $R_{thermisch}$ wird in Gleichung 3.13 durch die Länge l des Bauteils, die materialspezifische Wärmeleitfähigkeit λ und die Bauteilquerschnittsfläche A beschrieben:

$$R_{thermisch} = \frac{l}{\lambda \cdot A} \qquad \text{Gl. 3.13}$$

Wärme kann sich innerhalb des Körpers ausbreiten und an den Kontaktstellen auf andere Körper übertragen. Dieser Effekt heißt Konduktion. Durch den thermischen Widerstand $R_{thermisch}$ Gleichung 3.13 und der Temperaturdifferenz ΔT ergibt sich der Wärmestrom $\dot{Q}_{Konduktion}$ Gleichung 3.14, [88]:

$$\dot{Q}_{Konduktion} = P_{thermisch} = \frac{1}{R_{thermisch}} \cdot \Delta T = \frac{\lambda \cdot A}{l} \cdot \Delta T \qquad \text{Gl. 3.14}$$

Wie die elektrische Leistung, Gleichung 3.6, zeigt Gleichung 3.15 [89], die Joule'sche Erwärmung $P_{thermisch}$ durch Wärmestrom $\dot{Q}$ und Widerstand $R_{Verlust}$:

$$P_{thermisch} = \dot{Q} = I^2 \cdot R_{Verlust} \qquad \text{Gl. 3.15}$$

Die Gesamtwärmemenge Q_{gesamt} ist die Summe der Einzelwärmeströme i über der Zeit dt, Gleichung 3.16, [90]:

$$Q_{gesamt} = \sum_{i=1}^{n} \int_{t_0}^{t_1} P_{thermisch}(t) \, dt \qquad \text{Gl. 3.16}$$

3.2.2 Konvektion (Wärmeströmung)

Der Wärmetransport durch die Bewegung von Molekülen in strömenden Flüssigkeiten oder Gasen wird als Konvektion oder Wärmströmung bezeichnet. Bei der Bewegung des Fluids kann man zwischen natürlicher und erzwungener Konvektion unterscheiden [91].

Die natürliche Konvektion entsteht durch Dichte- und Druckunterschiede bei Temperaturunterschieden. Bei Erwärmung eines Fluids verringert sich seine Dichte und es steigt auf. Der umgekehrte Effekt tritt bei Abkühlung ein, da sich die Dichte des Fluids wieder erhöht.

Vergleichbar mit Gleichung 3.14 kann der konvektive Wärmestrom im Fluid $\dot{Q}_{Konvektion\ Fluid}$ mit dem Wärmeübergangskoeffizienten $\alpha_{Konvektion}$ entlang einer Fläche $A_{Konvektion}$ und der Temperaturdifferenz ΔT beschrieben werden, Gleichung 3.17, [92]:

$$\dot{Q}_{Konvektion\ Fluid} = \alpha_{Konvektion} \cdot A_{Konvektion} \cdot \Delta T \qquad \text{Gl. 3.17}$$

Der konvektive Wärmeübergangskoeffizient $\alpha_{Konvektion}$ hängt von vielen verschiedenen Variablen ab, wie temperaturabhängigen Fluideigenschaften, Strömungsgeschwindigkeit und Geometrie der Oberfläche. Für eine detaillierte Definition sei auf [92] verwiesen.

Die erzwungene Konvektion tritt bei einer Fluidumwälzung durch äußere Kräfte auf. Dies können Lüfter für Gase und Pumpen für Flüssigkeiten sein. Über Gleichung 3.12, in der die Masse m durch Gleichung 3.9 beschrieben wird, ergibt sich Gleichung 3.18 mit dem Wärmemassenstrom $\dot{Q}_{Fluid}$. Das Volumen V über der Zeit dt wird als Volumenstrom $\dot{V}$ bezeichnet [93].

$$\dot{Q}_{Fluid} = V \cdot \varrho \cdot c \cdot \frac{dT}{dt} = \dot{V} \cdot \varrho \cdot c \cdot dT \qquad \text{Gl. 3.18}$$

3.2.3   Radiation (Wärmestrahlung)

Durch die regellose Bewegung und Kollision von geladenen Teilchen in ihrer Materie werden elektromagnetische Wellen emittiert oder absorbiert. Diese Abgabe von Energie wird als Radiation oder Wärmestrahlung bezeichnet. Da dieser Effekt von der Temperatur abhängig ist, strahlt jeder Körper oberhalb des absoluten Nullpunkts der Temperatur Wärme ab. Andererseits kann auch Wärmestrahlung von dem Körper aufgenommen werden.

Die Wärmestrahlung benötigt kein Medium für die Übertragung und ist daher auch im Vakuum möglich [92], [94].

Der Emissionsgrad ε gibt an, wieviel Strahlung der Körper im Vergleich zu einem idealen Wärmestrahler abgibt. Der Emissionsgrad liegt immer zwischen $0 \leq \varepsilon \leq 1$. Ein idealer Wärmestrahler mit dem Wert 1 wird als Schwarzer Strahler bezeichnet und ist ein theoretischer Wert, da in der Realität immer ein Teil der Wärmestrahlung an der Oberfläche reflektiert wird [92].

Für den vereinfachten Fall, eines Objekts mit dem Emissionsgrad ε_1, der abstrahlenden Oberfläche A_1 und Temperatur T_1, in einem großen Raum mit der Temperatur T_2, gilt laut Stefan-Boltzmann-Gesetz für den emittierten Wärmestrahlungsstrom $\dot{Q}_{\text{Radiation}}$, Gleichung 3.19, [95]:

$$\dot{Q}_{\text{Radiation}} = \varepsilon_1 \cdot \sigma \cdot A_1 \cdot \left(T_1{}^4 - T_2{}^4\right) \qquad \text{Gl. 3.19}$$

Dabei ist die Stefan-Boltzmann-Konstante [95] $\sigma = 5{,}67 \cdot 10^{-8}\,\frac{W}{m^2 K^4}$.

Die Differenz von emittierter und absorbierter Wärmestrahlung lautet [96]:

$$\dot{Q} = \dot{Q}_{\text{emittiert}} - \dot{Q}_{\text{absorbiert}} \qquad \text{Gl. 3.20}$$

3.2.4   Thermischer Kontaktwiderstand

Auch bei ebenen Kontaktflächen findet die Berührung nicht vollflächig statt, sondern reduziert sich auf den Bereich der Rauheitsspitzen. Dieser Sachverhalt ist vergleichbar mit Kapitel 3.1.1 Elektrischer Kontaktwiderstand. Die Kontaktwärmeleitfähigkeit ergibt sich aus der gemeinsamen Betrachtung der drei Wärmeübertragungsarten Konduktion, Konvektion und Radiation.

In Abbildung 3-2 (oben links) ist die Wärmeübertragung durch Konduktion in den Berührpunkten der Rauheitsspitzen durch rote Pfeile dargestellt. Die Wärme wird hier als homogener Wärmestrom von der linken Seite kommend durch die Engstellen der Rauheitsspitzen konzentriert. Dies kann als thermischer Widerstand interpretiert werden [97].

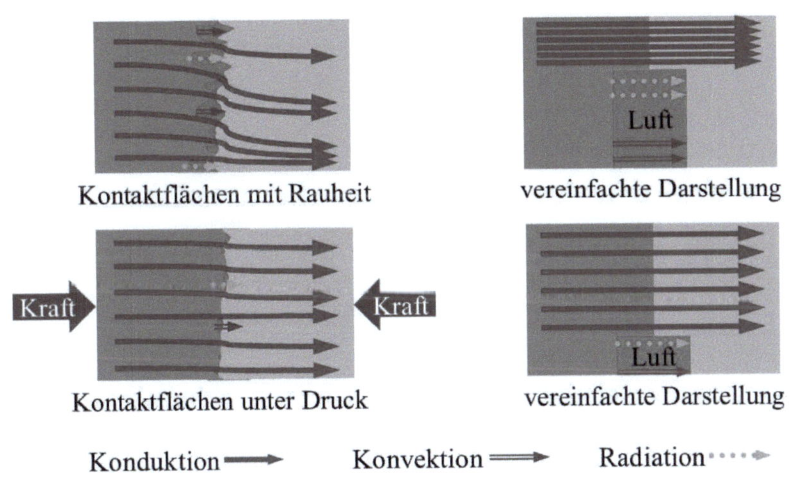

Abbildung 3-2: Konduktion im Kontaktübergang bei Druckbelastung

Im Kontaktbereich befindet sich Luft, die Wärme überträgt, Abbildung 3-2, Darstellung als grüne Pfeile. Außerdem kann zwischen den Kontaktflächen über Radiation Strahlungswärme übertragen werden, Darstellung als gelbe Pfeile. In Abbildung 3-2 (oben rechts) ist der Bereich der Rauheitsspitzen zu einem zusammenhängenden Bereich aufsummiert. Diese Fläche stellt anteilig den Bereich der Konduktion und den von Konvektion und Radiation dar. Die Wärmeübertragung im Kontakt kann entsprechend dieser Darstellung als Parallelschaltung von Wärmetransportwegen interpretiert werden.

Zur Steigerung der Kontaktwärmeleitfähigkeit kann die Kontaktkraft erhöht werden, Abbildung 3-2 (unten links), die die Rauheitsspitzen glättet. Dadurch sinkt der Anteil der eingeschlossenen Luft, die eine geringe thermische Leitfähigkeit besitzt [98]. Gleichzeitig steigt durch die größere Kontaktfläche der konduktive Wärmetransport, Gleichung 3.14. Abbildung 3-2 (unten rechts) stellt dies vereinfacht für die Kontaktkrafterhöhung dar. Durch weichere Oberflächen mit geringerer Rauheit und durch die Materialwahl lassen sich die thermische Kontaktübertragung weiter beeinflussen [99].

4 Virtuelle Abbildung des Ladepfads

Um alle Ladekomponenten des elektrischen Ladepfads als vereinfachtes eindimensionales thermisches Modell abzubilden, wird jede Ladekomponente in ihrer Komplexität vereinfacht und auf elementare physikalische Eigenschaften reduziert. Dadurch lassen sich die Ladekomponenten als mathematisch beschreibbare Modelle in einer Simulationssoftware abbilden, mit der das Temperaturverhalten beim Ladevorgang vorhergesagt werden kann [100].

Der Vorteil der simulationsgestützten Ladekomponentenentwicklung besteht in der schnellen Anpassung von Komponenteneigenschaften und Umgebungsbedingungen, ohne einen realen Prototyp bauen und testen zu müssen. Die Simulation kann sowohl bei der Grundauslegung der Ladekomponenten als auch bei der Untersuchung von Optimierungsansätzen unterstützen. Sie liefert innerhalb weniger Minuten qualitative und quantitative Ergebnisse [101].

Ein weiterer Vorteil der Bauteilsimulation besteht in der Möglichkeit, die einzelnen Ladekomponenten zu einem größeren zusammenhängenden Modell zu koppeln. Dadurch lassen sich die thermischen Wechselwirkungen der Ladekomponenten untereinander betrachten. Außerdem können durch Simulationen an Stellen, die an einem realen Prototyp unter Umständen nur schwer oder nicht erreichbar sind, detaillierte Einblicke in die Ladekomponenten erhalten werden.

In den nachfolgenden Kapiteln werden zunächst die Gründe genannt, warum für die thermische Untersuchung von Ladekomponenten eine eindimensionale Simulation verwendet wird und wodurch sich diese Art der Simulation von dreidimensionalen Simulationen unterscheidet. Anschließend wird die verwendete Software für den Aufbau der Simulationsmodelle kurz vorgestellt. Im darauffolgenden Kapitel wird die grundsätzliche Herangehensweise zur Modellbildung von elektrothermischen Simulationen erläutert. Abschließend wird die Verknüpfung von Bauteilen und deren Kopplung zu einer Systemsimulation anhand eines Beispiels beschrieben.

© Der/die Autor(en), exklusiv lizenziert an
Springer Fachmedien Wiesbaden GmbH, ein Teil von Springer Nature 2026
J. Krings, *Thermische Simulation des elektrischen Ladepfads bei
Elektro-Nutzfahrzeugen*, Wissenschaftliche Reihe Fahrzeugtechnik
Universität Stuttgart, https://doi.org/10.1007/978-3-658-51550-8_4

4.1   1D-Simulation und 3D-Simulation

Mit 1D-Simulationen (eindimensionale Simulation) lassen sich die unterschiedlichsten multi-physikalischen Effekte beschreiben. Durch die modellhafte Abbildung von Bauteilen kann ein realitätsnahes Verhalten abgebildet werden. Die Kopplung von mehreren Bauteilen und deren physikalische Interaktion kann eine analytische Aussage über das detaillierte Verhalten des umfassenden Gesamtsystems vorhersagen. Komplexe Bauteilgeometrien werden für die Abbildung in einer 1D-Simulation gezielt vereinfacht und die Anzahl der dominierenden physikalischen Effekte reduziert [102].

Aufgrund der Analogie von Elektrizität und Thermodynamik lassen sich die Elemente elektrischer Widerstand R und Kapazität C als Äquivalent zur Wärmeentstehung und Wärmeaufnahme beschreiben [103]. Durch die Verknüpfung dieser Elemente entsteht ähnlich einem elektrischen Schaltplan ein thermisches RC-Netzwerk. Eine alternative Bezeichnung ist LPTN (Lumped Parameter Thermal Network / abstrahierte Parameter für Wärmenetzwerke) [104]. Bei der Berechnung wird ein punktförmiges Temperaturverhalten in der Bauteilmitte und die Verteilung im Bauteil als homogen angenommen [105].

Zu den Vorzügen der 1D-Simulation zählt der schnelle Modellaufbau für die Simulation, da durch die Vereinfachung der Bauteilgeometrie nur rudimentäre Daten erforderlich sind. Für die Systemsimulation müssen die Wechselwirkungen der physikalischen Effekte der Bauteile gekoppelt und die Materialwerte und Randbedingungen definiert werden. So kann bereits eine gute Genauigkeit der Ergebnisse erzielt werden [106]. Durch die geringe Anzahl von numerischen Gleichungen des Gesamtsystems ergeben sich schnelle Rechenzeiten für die Ergebniserstellung.

Zu den Nachteilen von eindimensionalen Simulationen gehört die zunehmende Komplexität im Modellaufbau bei größer werdenden Modellen. Eine strukturierte Arbeitsweise und einheitliche Beschreibung der Modellparameter sind daher bereits zu Beginn des Systemaufbaus erforderlich. Da die visuelle Darstellung der Simulationsergebnisse auf Diagrammen basiert, kann die Ergebnisbewertung unter Umständen abstrakt sein. Im Falle von unstimmigen Ergebnissen gestaltet sich eine Fehlersuche zum Teil aufwendig, da die Zusammenhänge gegebenenfalls nicht offensichtlich sind.

Für eine 3D-Simulation (dreidimensionale Simulation) wird zunächst die Bauteilgeometrie als CAD (Computer Aided Design) Konstruktionsdatei benötigt. Anschließend wird die reale Bauteilgeometrie im Arbeitsschritt der Vernetzung durch eine Vielzahl kleiner geometrisch beschreibbarer und berechenbarer Elemente wie Tetraeder oder Quader angenähert. Daraus leitet sich die Bezeichnung FEM (Finite Elemente Methode) ab. Anschließend werden den Elementen Materialdaten zugewiesen und die Randbedingungen für die Simulation definiert wie beispielsweise die Umgebungslufttemperatur oder die Kühlflüssigkeitstemperatur sowie der Strom, der über die elektrischen Leiter übertragen wird [107].

Die Simulationsberechnung beruht auf dem Ansatz, einen Gleichgewichtszustand zwischen den Randbedingungen und den Elementen des Modells zu finden. Die Eckpunkte eines jeden Elements sind mit den benachbarten Elementen verbunden. Über ein iteratives Verfahren wird versucht einen konvergierenden Endwert zu bestimmten. Dabei haben die Anzahl an Iterationsschritten, das verwendete Berechnungsverfahren, die Anzahl der zu berechnenden Elemente und die Art der Elemente eine große Auswirkung auf die Rechenzeit und die Genauigkeit der Ergebnisse. Die Berechnungsergebnisse werden in grafischer Form ausgegeben und stellen auf Grundlage der Bauteilgeometrie eine wirklichkeitsnahe Abbildung dar [108].

Neben der Simulation von festen Bauteilstrukturen durch die Annäherung von viele kleinen Elementen kann auch das Volumen der umgebenden Luft des Bauteils durch kleine Elemente abgebildet werden [109]. In der numerischen Strömungsmechanik CFD (Computational Fluid Dynamics) wird dazu ein Gleichgewichtszustand unter den Elementen berechnet, der den Druck und die Dichte über die Navier-Stokes-Gleichungen und die Kontinuitätsgleichung sowie Zustandsgleichung berechnet. Außerdem fließen noch die Startbedingung sowie die Randbedingungen an den Grenzen der berechneten Geometrie in die Berechnung mit ein [110].

Die detaillierten Einblicke in das Bauteilverhalten, beispielsweise bei der Thermosimulation, ermöglichen eine Auswertung des Temperaturverlaufs über das gesamte Bauteil. Außerdem lassen sich durch die Möglichkeiten der CFD Analyse Einblicke in das Strömungsverhalten der Umgebungsluft gewinnen, die eine realitätsnahe Betrachtung der thermischen Erwärmung ermöglicht. Aufgrund der grafischen Darstellung lassen sich die Plausibilität der Ergebnisse verhältnismäßig einfach überprüfen und mögliche Verbesserungsmaßnahmen erkennen und Optimierungen ableiten [111].

Da 3D-Simulationen nur durchgeführt werden können, wenn die Bauteilgeometrie in Form von CAD-Daten vorhanden ist, eignet sich diese Art der Simulation erst ab einem späteren Zeitpunkt der Entwicklung, wenn sich die Dimensionierung der Bauteile abzeichnet. Bei 3D-Simulationen können auch kleine Geometrieänderungen an dem Ausgangsmodell zu aufwendigen Arbeitsschritten in der Nachbearbeitung führen. Ebenfalls können Ergebnisse durch mathematische Rechenungenauigkeiten zu Divergenzproblemen führen. In diesem Fall kann kein Ergebnis für den eingeschwungenen, stationärer Zustand bestimmt werden. Außerdem kann zum Teil durch die bildliche Darstellung der Eindruck einer Pseudogenauigkeit entstehen, dessen Ursache aber in der ungenauen Definition der vielen beeinflussenden Modellparameter liegt. Aus zeitlicher und kostentechnischer Sicht sind bei den 3D-Simulationen besonders der hohe Rechenaufwand mit langen Rechenzeiten bei gleichzeitig hohen Anforderungen an die Computerleistung zu nennen [112]. So kann die Rechenzeit bei 1D-Simulationen bei wenigen Minuten liegen, wohingegen sie bei 3D-Simulationen mehrere Stunden betragen kann [113].

Aufgrund der genauen Ergebnisse von 1D Simulation [114], dem geringen Rechenaufwand und der Ergebnisse innerhalb kurzer Zeit ist insbesondere für die Vorentwicklung eine eindimensionale Simulation gut geeignet. Auch der Vorteil, vereinfachte Systemmodelle schnell aufbauen zu können, bei denen noch nicht alle Geometriedaten genau bekannt sind, spricht für den Einsatz von eindimensionalen RC-Netzwerken.

Aufgrund der genannten Vorteile wird für diese Arbeit ein eindimensionaler Simulationsansatz verwendet. Mit den aktuellen Messungen der realen Ladekomponenten können die Simulationsergebnisse validiert werden und die Simulationsmodelle für die Vorentwicklung von zukünftigen Fahrzeuggenerationen verwendet werden. Anschließend können die Ladekomponenten genauer definiert und 3D-Simulationen hinzugezogen werden. Dadurch lassen sich die Vorzüge von 1D- und 3D- Simulationen in Kombination verwenden und miteinander koppeln, [115], [116], [117].

4.2 Softwareumgebung: Matlab, Simulink, Simscape

Für die Erstellung der elektrothermischen Simulationsmodelle wird das kommerzielle Berechnungsprogramm Matlab der Firma The MathWorks, verwendet. Matlab eignet sich zur numerischen Berechnung und Abbildung von technischen Systemen [118]. Mit der Programmerweiterung Simulink können mathematische Formeln als Datensignale interpretiert werden. Durch die grafische Darstellung im Blockdiagramm lassen sich die Abhängigkeiten untereinander verknüpfen und übersichtlich visualisieren [119]. Die Simulationsumgebung Simscape basiert ebenfalls auf der grafischen Darstellung von Simulink. Simscape eignet sich zur Modellierung und Simulation von physikalischen Effekten und deren Wechselwirkungen wie Wärmeübertragung, Stoffströmung und elektrische Verschaltungen. Mit Simscape können dabei physikalische Größen direkt verrechnet werden [120].

Matlab stellt in der Wissenschaft und Technik eine weitverbreitete Softwareumgebung dar, die insbesondere durch die Programmerweiterungen Simulink und Simscape eine übersichtliche Darstellung von eindimensionalen Systemsimulationen zur Berechnung von gekoppelten Abhängigkeiten bietet. Insbesondere bei der Kopplung von unterschiedlichen physikalischen Effekten eignet sich der Einsatz dieser Software durch die gute Erweiterbarkeit des Systems.

4.3 Modellbildung für elektrothermische Simulation

Der „Technische Leitfaden 0101 Thermosimulationsmodelle" des ZVEI (Zentralverband Elektrotechnik- und Elektroindustrie) beschreibt einen Ansatz zur Erstellung und Kopplung von elektrothermischen Simulationen speziell für Hochvoltkabel [121]. Die Ansätze können verallgemeinert auch auf beliebige andere Bauteile wie die in dieser Arbeit untersuchten Ladekomponenten angewandt werden. In Abbildung 4-1 wird exemplarisch der Zusammenhang von einem stromdurchflossenen Bauteil in blau und die damit einhergehende Wärmeentwicklung in rot visualisiert.

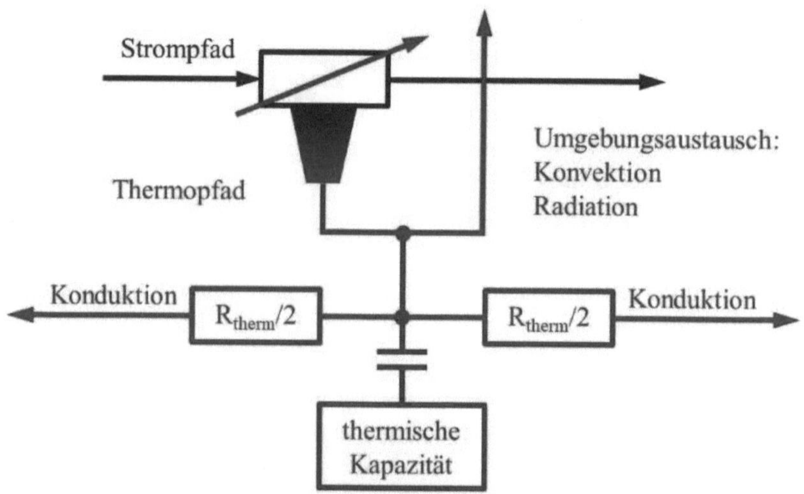

Abbildung 4-1:ZVEI Leitfaden Schema für thermoelektrische Kopplung [121]

Das stromdurchflossene elektrische Bauteil wird als thermische Quelle interpretiert, das Wärme produziert. Ein Teil der Wärme kann durch die thermische Kapazität von dem Bauteil aufgenommen werden. Außerdem kann das Bauteil durch Konvektion Wärme an die Umgebungsluft oder über Wärmestrahlung durch Radiation abgeben. Durch Konduktion kann sich die Wärme innerhalb eines Bauteils ausbreiten und auch an direkt damit verbundene andere Bauteile übertragen werden [121].

Bei der eindimensionalen Modellbildung wird der Wärmeeintrag in der Mitte des Bauteils angenommen. Um eine realitätsnahe Konduktion abzubilden wird der thermische Widerstand der Konduktion jeweils hälftig in Richtung der benachbarten Bauteile aufgeteilt [121].

4.4 Verknüpfung von Bauteilen zur Systemsimulation

Abbildung 4-2 zeigt exemplarisch eine thermische Kopplung von zwei stromführenden Leitern mit einem Kontaktübergangswiderstand und stark vergrößertem Luftspalt, wie in Abbildung 3-2 von Kapitel 3.2.4 beschrieben.

Abbildung 4-2: Thermoelektrische Übertragungswege von zwei Stromleitern mit Kontaktwiderstand (Luftspalt stark vergrößert)

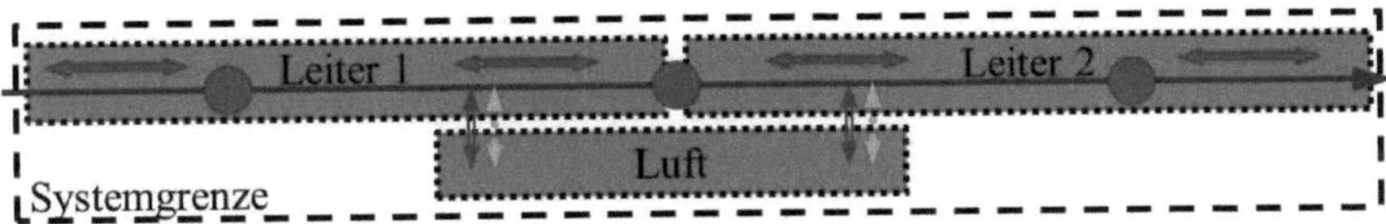

Abbildung 4-3: Ersatzschaltbild: Thermokopplung von zwei Stromleitern

Für den Aufbau von größeren Systemsimulationen können alle stromdurchflossenen Bauteile als Reihenschaltung von elektrischen und thermischen Widerständen, gemäß Abbildung 4-4, dargestellt werden.

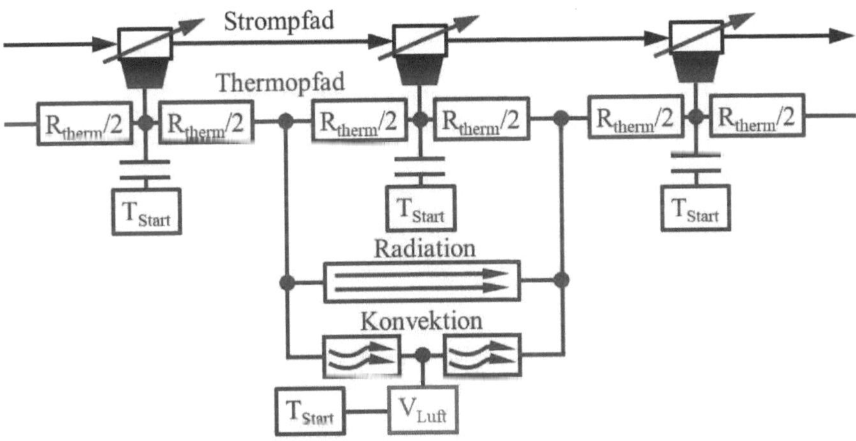

Abbildung 4-4:ZVEI Darstellung: Thermokopplung von zwei Stromleitern

Das Ersatzschaltbild Abbildung 4-3 stellt die wesentlichen thermoelektrischen Energiewege aus Abbildung 4-2 dar. Der Strom wird dabei von Leiter 1 auf Leiter 2 übertragen. Entsprechend der Joule'schen Erwärmung entstehen bei stromdurchflossenen Leitern Verluste, die sich in Form von Wärme äußern, Gleichung 3.15. Diese Wärmequellen werden in der eindimensionalen Simulation punktförmig in der Mitte des Leiters angenommen und in Abbildung 4-3 grafisch als roter Punkt dargestellt. Die Wärme kann sich von der Wärmequelle in beide Richtungen durch Konduktion ausbreiten, was durch die roten Doppelpfeile symbolisiert wird. An der Kontaktstelle zwischen Leiter 1 und Leiter 2 besteht ein elektrischer Kontaktwiderstand, wie in Kapitel 3.1.1 beschrieben. Dieser führt zu einer Erwärmung der Kontaktstelle und wird in Abbildung 4-3 als weitere Wärmequelle dargestellt.

Neben der Übertragung von Wärme durch den direkten Kontakt der zwei Leiter über Konduktion kann auch ein Teil der Wärme über die Luft übertragen werden, die im Zwischenraum der Rauheitsspitzen im Kontaktspalt eingeschlossen ist. An den Kontaktstellen der Stromleiter mit der Luft findet eine Erwärmung statt, die sich über Konvektion ausbreitet. Außerdem wird Wärme in Form von Radiation zwischen den Leitern 1 und 2 ausgetauscht.

Aufgrund der thermischen Masse der stromführenden Leiter und der im Kontaktspalt eingeschlossenen Luft kann ein Teil der thermischen Energie auch zwischengespeichert werden. Die Masse dient dann als Wärmesenke und ist in Abbildung 4-3 durch gepunktete Rechtecke dargestellt.

Bei der Betrachtung der Wärmeübertragungseffekte des Kontaktwiderstands zwischen zwei stromführenden Leitern wird der Strom von außen über die Systemgrenzen eingeleitet und anschließend wieder ausgeleitet. Durch die elektrothermische Erwärmung würde sich das System stetig weiter erwärmen, da kein Wärmetransport über die Systemgrenzen vorgesehen ist. Um das System in ein thermisches Gleichgewicht zu bringen, ist eine entsprechend Kopplung zu den angrenzenden Bauteilen und deren Systemgrenzen über Konduktion, Konvektion und Radiation erforderlich, die dem realen Aufbau entspricht.

Auf Grundlage des Ersatzschaltbilds Abbildung 4-3 kann ein detaillierteres Netzwerkschaltbild nach dem ZVEI Leitfaden erstellt werden, Abbildung 4-4. Dies entspricht dem Grundaufbau der in Kapitel 4.2 erklärten Zusammenhänge. Die Darstellung ermöglicht eine genaue Übersicht zu den thermischen

Wechselwirkungen der einzelnen Bauteile untereinander und den Zusammenhängen der thermischen Übertragungswege. Jede thermische Masse wird als thermische Kapazität interpretiert, die in der Lage ist, Wärme aufzunehmen oder auch abzugeben. Als Simulationsstarttemperatur wird den thermischen Massen die Umgebungstemperatur T_{Start} zugewiesen.

Für den abschließenden Schritt der Simulationsmodellerstellung werden die elektrothermisch gekoppelten Elemente als physikalische Blöcke in Matlab abgebildet, Abbildung 4-5. Die Blöcke sind eine grafische Darstellung der physikalischen Zusammenhänge, die die in Kapitel 3 beschriebenen mathematischen Gleichungen beinhalten. Über die Modellparameter der Blöcke werden die physikalischen Eigenschaften der realen Bauteile parametrisiert. Dazu gehören beispielsweise Daten wie Bauteilabmessungen, Bauteilmaterial sowie deren elektrische und thermische Eigenschaften.

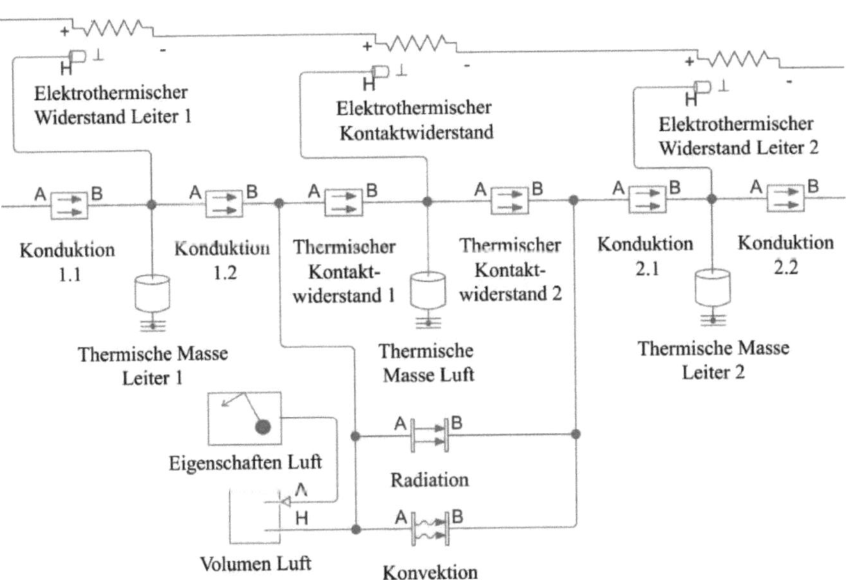

Abbildung 4-5: Simulationsaufbau in Matlab Simscape: Thermokopplung von zwei Stromleitern

Nach dem gleichen Vorgehen können weitere Blöcke ergänzt und mit anderen Bauteilen gekoppelt werden. Dadurch entsteht ein stetig größer werdendes Netzwerk, das die Ladekomponenten zunehmend detaillierter darstellt.

In der thermischen Simulation stehen die Bauteile dabei in Wechselwirkung mit der Umgebung und untereinander durch Konduktion, Konvektion und Radiation. Die entstehende Wärme ist dabei abhängig von den Bauteileigenschaften und von der Stromstärke, die die Bauteile übertragen [121].

Durch die Berechnung der Simulation kann das dynamische Erwärmungsverhalten der Bauteile über der Zeit dargestellt werden. Dadurch lassen sich Effekte wie die thermische Trägheit der Bauteile und der Wärmetransport durch axiale Wärmeleitung erkennen und Optimierungspotentiale ableiten [122].

Abbildung 4-5 zeigt exemplarisch einen Ausschnitt aus dem Matlab Simulationsmodell einer Ladekomponente. Einen Überblick aller Simulationsmodelle der Ladekomponenten, die im Rahmen dieser Arbeit erstellt wurden, sind im Anhang aufgeführt.

5 Vorgehen zur Simulationserstellung

Abbildung 5-1 gibt einen Überblick über die Vorgehensweise, wie aus der virtuellen Modellierung jeder Ladekomponente in sechs Schritten ein mit Messungen validiertes Simulationsmodell entsteht. Dadurch kann mittels Simulation die Auswirkung von Optimierungsansätzen an Ladekomponenten realitätsnah vorhergesagt werden [123].

Abbildung 5-1: Vorgehensweise zur Simulationserstellung

Die ersten drei Schritte dienen zur „Kalibrierung der Simulation". Nach „Erstellung Simulationsmodell" der Ladekomponente werden die Simulationsrandbedingungen entsprechend eines bereits durchgeführten Versuchs, für den bereits reale Messungen vorliegen, definiert. Der Schritt „Vergleich Simulationsverhalten mit Messung" gibt Aufschlüsse, ob die Simulation prinzipiell ein plausibles Verhalten aufweist. Durch die „Anpassung Simulationsparameter" wird das Simulationsverhalten in einem iterativen Vorgang so lange angenähert, bis es die realen Messungen widerspiegelt. Dadurch lassen sich nicht bekannte oder schwierig zu bestimmende Variablen der realen Ladekomponente implementieren.

© Der/die Autor(en), exklusiv lizenziert an
Springer Fachmedien Wiesbaden GmbH, ein Teil von Springer Nature 2026
J. Krings, *Thermische Simulation des elektrischen Ladepfads bei Elektro-Nutzfahrzeugen*, Wissenschaftliche Reihe Fahrzeugtechnik Universität Stuttgart, https://doi.org/10.1007/978-3-658-51550-8_5

Nach den vorbereitenden Schritten der Kalibrierung erfolgt die „Anwendung der Simulation". Im Arbeitsschritt „Vorhersage Bauteilverhalten durch Simulation" wird das reale Verhalten der Ladekomponente mit neuen Simulationsrandbedingungen prognostiziert. Durch anschließende reale Tests findet die „Simulationsvalidierung mit Messung" statt, die dem vorhergesagten Ladekomponentenverhalten entspricht. Diese abschließende Selbstkontrolle des Simulationsmodells erlaubt die „Simulationsanwendung für Optimierungen" an Ladekomponenten mit belastbaren, realitätsnahen Ergebnissen [124].

5.1   Erstellung Simulationsmodell

Das Ziel der Erstellung eines Simulationsmodells ist es eine wirklichkeitsnahe Abbildung der Ladekomponente für die Berechnung auf einem Computer zu erzeugen. Dabei sollen das elektrische und thermische Verhalten der realen Ladekomponente möglichst gut mit den Ergebnissen aus der Simulation übereinstimmen. Dazu wird die Ladekomponente in ihre einzelnen Bauteile zerlegt. Anschließend findet eine Bewertung der Hauptfaktoren und vernachlässigbaren Effekte statt, die jedes Bauteil auf das elektrothermische Verhalten der Ladekomponente besitzt. Diese Auswahl stellt eine Abwägung dar zwischen dem Aufwand beim Erstellen der Simulation und dem entsprechenden Detaillierungsgrad sowie der anschließenden Rechenzeit für die Simulation. Dadurch werden in diesem Schritt auch schon die Grenzen der Genauigkeit für die Simulationsergebnisse festgelegt und eventuelle Abweichungen mit realen Messungen toleriert.

Die zum Teil komplexe dreidimensionale Bauteilgeometrie wird vereinfacht durch Quader oder Zylinder angenähert, damit sie als eindimensionales mathematisches Modell beschrieben werden kann. Anschließend werden jedem dieser Modelle elementare Eigenschaften zugeordnet. Dies sind physikalische Parameter wie Material, Masse, Abmessung, Oberfläche, Volumen, elektrische Leitfähigkeit oder spezifische Wärmekapazität. Dadurch werden die realen dreidimensionalen Bauteile auf eindimensionale Modelle reduziert und als Punktmasse interpretiert, die trotzdem physikalische Eigenschaften eines dreidimensionalen Bauteils besitzen. Dadurch ist es möglich, die Realität mit einfachen Modellen hinreichend genau abbilden zu können [125].

Um ein realitätsnahes Verhalten der einzelnen Bauteile untereinander auch bei den Modellen abbilden zu können, müssen die Modelle durch die in der Realität vorherrschenden physikalischen Effekte verknüpft werden. Ausgehend von der Verknüpfung der stromleitenden Bauteilmodelle wird die Wärmeleitung durch Konduktion untereinander festgelegt und die Abgabe von Wärme über Konvektion und Radiation an die Umgebung implementiert. Dadurch ergibt sich eine netzwerkähnliche Kopplung der Modelle untereinander, die sich gegenseitig beeinflussen können.

5.2 Vergleich Simulationsverhalten mit Messung

Nach der Erstellung des Simulationsmodells müssen die Randbedingungen für die Simulation des Temperaturverlaufs der Ladekomponente definiert werden. Die Simulationsparameter der Randbedingungen entsprechen dabei den Bedingungen aus einem realen Test der Ladekomponente.

Der Vergleich der Messung mit dem Ergebnis des Temperaturverlaufs aus der Simulation gibt einen ersten Eindruck über die Qualität des Modells. Außerdem kann durch die gezielte Änderung einer Randbedingung an dem Simulationsmodell die Plausibilität der simulierten Ergebnisse überprüft werden.

Werden beispielsweise die Temperatur für die Umgebungsluft oder der Ladestrom als Randbedingung erhöht, ist auch mit einer schnelleren Erwärmung der Ladekomponente im simulierten Temperaturverlauf zu rechnen.

5.3 Anpassung Simulationsparameter

Bei der Anpassung der Simulationsparameter wird zwischen gleichbleibenden und veränderlichen Eigenschaften unterschieden. Parameter wie beispielsweise die Bauteilabmessungen bleiben auch bei verschiedenen Testreihen gleich und müssen im Simulationsmodell nur einmal festgelegt werden. Bei der Definition der physikalischen Eigenschaften der Simulationsmodelle können allerdings unter Umständen nicht alle Parameter über Literaturquellen oder Gleichungen vorab beschrieben werden. Außerdem können sich auch Parameter bei der Durchführung von mehreren Tests etwa verschleißbedingt verändern. Einige Werte müssen in speziellen Messungen separat bestimmt werden. Andere nicht bekannte oder schwierig zu bestimmende Parameter können auch durch einen iterativen Vorgang abgeleitet oder angenähert werden. Dazu werden die zu bestimmenden Simulationsparameter stückweise verändert und die Auswirkung auf den Verlauf der Simulationsergebnisse beobachtet. Mit der Erkenntnis, wie die Änderung der Parameter mit dem simulierten Temperaturverlauf zusammenhängt, kann die Simulation mit den realen Messungen in Einklang gebracht und kalibriert werden. Die Simulationsergebnisse werden somit bestmöglich an die Realität angenähert.

Die im Folgenden beschriebenen drei Schritte erläutern, wie die kalibrierte Simulation zur Vorhersage von realen Ergebnissen unter neuen Testbedingungen angewendet und schließlich dadurch validiert wird.

5.4 Vorhersage Bauteilverhalten durch Simulation

Nachdem die physikalischen Simulationsparameter durch den iterativen Schritt an die realen Messungen angeglichen wurden, wird die Qualität des Simulationsmodells erneut überprüft.

Dazu wird eine Vorhersage des Temperaturverhaltens der Ladekomponente unter neuen Randbedingungen mit der Simulation erstellt, die bisher noch nicht betrachtet wurden. Diese veränderten Randbedingungen können beispielsweise eine veränderte Umgebungstemperatur oder geänderte Ladeparameter für den Strom sein. Die Ergebnisse des Temperaturverlaufs der Ladekomponente aus neuen, realen Tests, die unter den gleichen Randbedingungen wie in der Simulation durchgeführt wurden, dienen bei Übereinstimmung im nächsten Schritt als Validierung der Simulation.

5.5 Simulationsvalidierung mit Messung

Der Vergleich des simulierten Temperaturverhaltens mit den anschließend durchgeführten Ladekomponententests und deren Messung deckt sich im besten Fall sowohl quantitativ als auch qualitativ.

Sollten die Simulationsvorhersagen nicht mit den neuen Messungen übereinstimmen, so werden erneute Abstimmungen der Simulationsparameter durch die Schritte der Kalibrierung der Simulation vorgenommen. Anschließend wird eine erneute Vorhersage des Bauteilverhaltens durch die Simulation mit veränderten Randbedingungen durchgeführt, die durch einen erneuten Test überprüft wird.

Größere Abweichungen von Simulationsergebnissen und Messungen lassen sich zumeist auf Effekte zurückführen, die erst unter gewissen Randbedingungen in Erscheinung treten oder im Simulationsmodell vernachlässigt wurden. In diesem Fall wird bei der Erstellung des Simulationsmodells der entsprechende physikalische Effekt ergänzt, um die koppelnde Wirkung abzubilden.

5.6 Simulationsanwendung für Optimierungen

Ziel der vorherigen Arbeitsschritte war es, eine valide Abbildung von realen Ladekomponenten für eine elektrothermische Simulation zu erstellen und die Qualität der Simulationsergebnisse abzusichern. Dadurch kann die Simulation zur Untersuchung von neuen Optimierungsansätzen herangezogen und ein realitätsnahes thermisches Verhalten vorhergesagt werden, wofür kein realer Versuch erforderlich ist. Anhand der Simulationsergebnisse lassen sich die qualitativen Auswirkungen der Optimierungsansätze auf die Ladekomponente aufzeigen und die zu erwartenden Verbesserungen lassen sich bestimmen. Die flexible Anpassung der Simulationsparameter ermöglicht eine vielfältige Untersuchung unterschiedlicher Optimierungsansätze und kann dabei zunächst losgelöst von der Bauteilverfügbarkeit oder den Bauraumbegrenzungen durchgeführt werden. Erst in der weiteren Produktentwicklung müssen die Einzelheiten genauer definiert und reale Bauteiltests durchgeführt werden.

6 Optimierungen von Ladekomponenten

In den nachfolgenden Kapiteln werden jeweils die Ladekomponenten des Ladepfads vorgestellt. Im ersten Unterkapitel wird jeweils die „Funktion und der Aufbau" erläutert. Dies dient als Grundlage für das Verständnis des folgenden Abschnitts zum Thema „Thermischer Simulationsaufbau" und der thermischen Kopplung der Ladekomponentenbauteile untereinander. Diese Zusammenhänge werden für den Aufbau der Simulation benötigt und wurden in Kapitel 5.1 „Erstellung Simulationsmodell" bereits beschrieben.

Anschließend wird für jede Ladekomponente der Schritt aus Kapitel 5.5 „Simulationsvalidierung mit Messung" aufgezeigt, um einen Nachweis für die Qualität der Simulation einer jeden Ladekomponente zu erbringen.

Die Kapitelabschnitte 5.2 „Vergleich Simulationsverhalten mit Messung", 5.3 „Anpassung Simulationsparameter" und 5.4 „Vorhersage Bauteilverhalten durch Simulation" werden für die Ladekomponenten nicht extra beschrieben, da sie als wegbereitende Schritte zur Anwendung des Simulationsmodells dienen, um eine Simulationsvalidierung durchzuführen.

In den anschließenden Kapiteln zur „Optimierung" der einzelnen Ladekomponenten werden die Simulationsmodelle zur Untersuchung von Optimierungsansätzen angewandt, so wie es in Kapitel 5.6 „Simulationsanwendung für Optimierungen" beschrieben wurde.

In erster Linie ist das Ziel der Optimierungsansätze aus thermischer Sicht, die Effizienz der einzelnen Ladekomponente zu steigern. Dabei sollen die elektrischen Verluste verringert werden, um somit die Wärmeentstehung zu reduzieren.

Das zweite Ziel ist die Leistungsfähigkeit jeder Ladekomponente zu steigern. Dies wird unter anderem durch eine vergrößerte Wärmeaufnahme der Bauteile für die unvermeidlich entstehende Wärme erzielt.

Als drittes Ziel soll die Simulation Aufschlüsse über die Auswirkungen von Optimierungsansätzen mit erhöhter Wärmeleitung der Ladekomponente geben. Durch diesen Ansatz kann zwar die Wärmeentstehung nicht reduziert und somit auch keine elektrische Energie eingespart werden, aber die Ladekomponente erwärmt sich langsamer. Dadurch kann länger mit erhöhtem Ladestrom

© Der/die Autor(en), exklusiv lizenziert an
Springer Fachmedien Wiesbaden GmbH, ein Teil von Springer Nature 2026
J. Krings, *Thermische Simulation des elektrischen Ladepfads bei
Elektro-Nutzfahrzeugen*, Wissenschaftliche Reihe Fahrzeugtechnik
Universität Stuttgart, https://doi.org/10.1007/978-3-658-51550-8_6

geladen werden, was die Grundvoraussetzung für ein schnelles Laden der Batterie ist [126].

Für die thermische Simulation der Ladekomponenten wird die Batterie als Energiespeicher angesehen, der die vorgegebene elektrische Ladeleistung des Ladepfads unabhängig vom Ladezustand der Batterie aufnehmen kann. Ebenfalls wird keine Erwärmung der Batterie betrachtet, die in der Realität zu einer Reduktion des Ladestroms führen würde. Durch diese Annahmen kann die Auswirkung des Optimierungsansatzes in der Simulation auf die Ladekomponenten konzentriert werden.

Gleichwohl kann die Simulation des gesamten Ladepfads später durch ein entsprechendes Modell der Batterie ergänzt werden, die eine detaillierte Abbildung des Batterieladeverhaltens ermöglicht und auch die Interaktion mit den Ladekomponenten entsprechend realitätsnah abbildet.

Tabelle 6.1 gibt einen Überblick über die Komponenten des Ladepfads und einen konkreten Optimierungsansatz für jeweils eines der Prinzipien „Wärmeentstehung reduzieren", „Wärmeaufnahme vergrößern" und „Wärmeleitung erhöhen", um den Ladepfad weiterzuentwickeln.

Tabelle 6.1:   Übersicht Optimierungsansätze für Ladekomponenten

Bauteile		Optimierungsansätze		
		Wärmeentstehung reduzieren	Wärmeaufnahme vergrößern	Wärmeleitung erhöhen
	CCS Ladedose	Kontaktwiderstand reduzieren	Thermische Masse erhöhen	Isolatormaterial ändern
	MCS Ladedose	Kontaktwiderstand entfernen	Kühlvolumenstrom erhöhen	Wärmeleitmaterial ändern
	Sicherungsbox	Material Stromschiene	Zusätzliche Kühlschiene	Steckerausgang tiefer setzen
	Stromverteilerbox	Schraube statt Buchse	Materialanpassung	Leitungsquerschnitt anpassen

7 Ladekomponente: CCS Ladedose

In Abgrenzung zu Kapitel 2.5 Ladesystem CCS (Combined Charging System) wird in diesem Kapitel auf die Funktion und den Aufbau der CCS Ladedose eingegangen. Dabei werden die thermischen Zusammenhänge der Bauteile untereinander beschrieben, die für den Aufbau der thermischen Simulation erforderlich sind. Anschließend wird das validierte Simulationsmodell der CCS Ladedose für verschiedene Ansätze zur Optimierung der Ladekomponente angewandt.

7.1 Funktion und Aufbau: CCS Ladedose

Von der Ladestation über den Ladestecker kommend, wird der Gleichstrom jeweils für Plus und Minus getrennt über die Kontaktstifte ins Innere der Ladedose zur Verbindungsplatte geleitet. Diese ist über eine Schraubverbindung mit der Schiene für das Hochvoltkabel verbunden. Das Hochvoltkabel wiederum ist mit der Schiene verschweißt und leitet den Strom an die nächste Ladekomponente im Ladepfad weiter, Abbildung 7-1. Die Maximaltemperatur an den Kontaktstiften beträgt laut DIN EN IEC 62196-1 [127] 90°C und wird über Temperatursensoren einzeln überwacht.

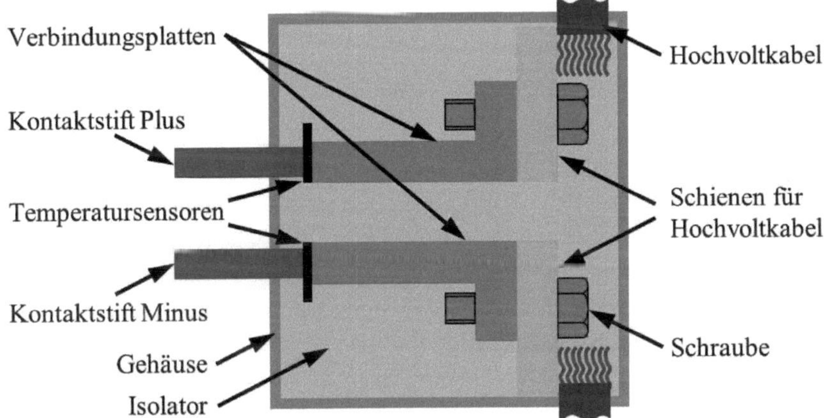

Abbildung 7-1:Aufbau der CCS Ladedose

J. Krings, *Thermische Simulation des elektrischen Ladepfads bei Elektro-Nutzfahrzeugen*, Wissenschaftliche Reihe Fahrzeugtechnik Universität Stuttgart, https://doi.org/10.1007/978-3-658-51550-8_7

7.2   Thermischer Simulationsaufbau: CCS Ladedose

Die elektrothermischen Wechselwirkungen der Bauteile der CCS Ladedose sind als schematischer Überblick in Abbildung 7-2 dargestellt. Diese Zusammenhänge werden über den Modellierungsansatz des ZVEI Leitfadens in der thermischen Simulation der CCS Ladedose durch Matlab abgebildet. Dargestellt ist hier exemplarisch der Strompfad für eine Polarität. In dem Simulationsmodell der CCS Ladedose ist der zweite Strompfad ebenfalls enthalten. Anhang A2 gibt einen Überblick über das gesamte Modell.

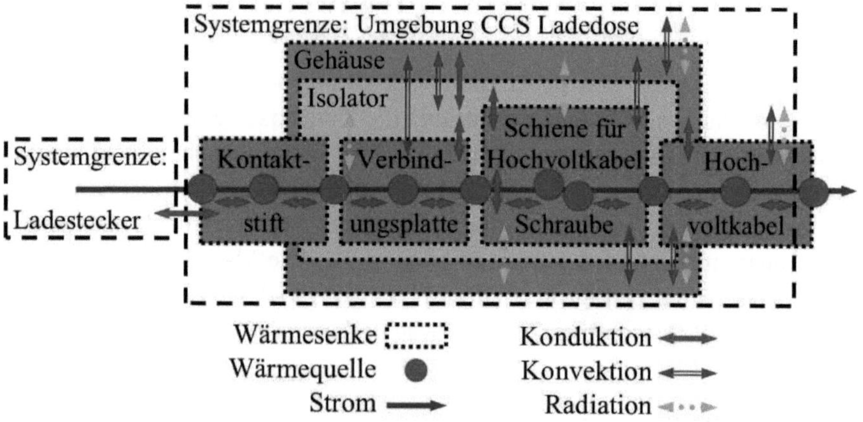

Abbildung 7-2: Thermischer Simulationsaufbau: CCS Ladedose

Die in Kapitel 7.1 Funktion und Aufbau: CCS Ladedose beschriebenen einzelnen Bauteile finden sich in Abbildung 7-2 wieder. Die stromleitenden Bauteile werden aufgrund ihres elektrischen Widerstands als Wärmequelle abgebildet, um die Entstehung von Wärme im Inneren der Bauteile darzustellen. Außerdem besitzen sie durch ihre thermische Masse auch die Eigenschaft von Wärmesenken, wodurch Wärme aufgenommen werden kann.

Eine Besonderheit stellt hier die Schiene für das Hochvoltkabel und die entsprechende Schraube dar. Da beide Bauteile den Strom anteilig von der Verbindungsplatte weiterleiten, sind sie als zwei separate Wärmequellen dargestellt.

Der Wärmeaustausch der berührenden Bauteile wird untereinander durch Konduktion implementiert. An den Kontaktstellen sind jeweils weitere Wärmequellen beschrieben, die den Kontaktwiderstand abbilden. Durch die Implementierung von Konvektion und Radiation kann zusätzlich auch der Wärmetransport an den Isolator und das Gehäuse sowie die Umgebung dargestellt werden.

Der Ladestecker liefert als Energieeintrag in das System der CCS Ladedose Strom. Außerdem besteht die Möglichkeit zum Austausch von Wärme über Konduktion zwischen den zwei Systemgrenzen von Ladestecker und CCS Ladedose.

Der über den Ladestecker eingebrachte Strom wird außerhalb der Systemgrenze der CCS Ladedose, über das Hochvoltkabel an die nächste Ladekomponente weitergeleitet. Ebenfalls kann ein Teil der Wärme von den Systemgrenzen der CCS Ladedose durch das Hochvoltkabel transportiert werden.

7.3 Simulationsvalidierung mit Messung: CCS Ladedose

Nach der Kalibrierung der Simulationsparameter wird eine Validierung des Simulationsmodells durchgeführt. Dabei wird der vorhergesagte Temperaturverlauf mit den realen Messungen aus den Tests verglichen [128].

Als Simulationsparameter für die Validierung des Modells ist die Lufttemperatur mit 25°C definiert. Der eingestellte Ladestrom beträgt konstant 375A. Unter diesen Bedingungen wird nach der Simulation des Temperaturverhaltens am Kontaktstift ein realer Test der CCS Ladedose mit denselben Randbedingungen durchgeführt. Dabei werden die Temperaturverläufe an den beiden Kontaktstiften der CCS Ladedose aufgezeichnet. Die Ergebnisse des vorhergesagten Temperaturverlaufs und die gemessenen Werte sind in Abbildung 7-3 dargestellt.

Der durch die Simulation vorhergesagte Temperaturverlauf der Kontaktstifte (rot gestrichelte Linie) und die realen Messungen (rote und schwarze durchgängige Linien) sind bis auf wenige Grad Temperaturabweichung während der Ladephase deckungsgleich. Anders als in der Simulation gibt es im realen Versuch beim Ladestrom eine geringfügige Schwankung von wenigen Ampere.

Aufgrund der guten Übereinstimmung von Simulation und Realität können mit dem Simulationsmodell auch weiterführende Untersuchungen durchgeführt werden.

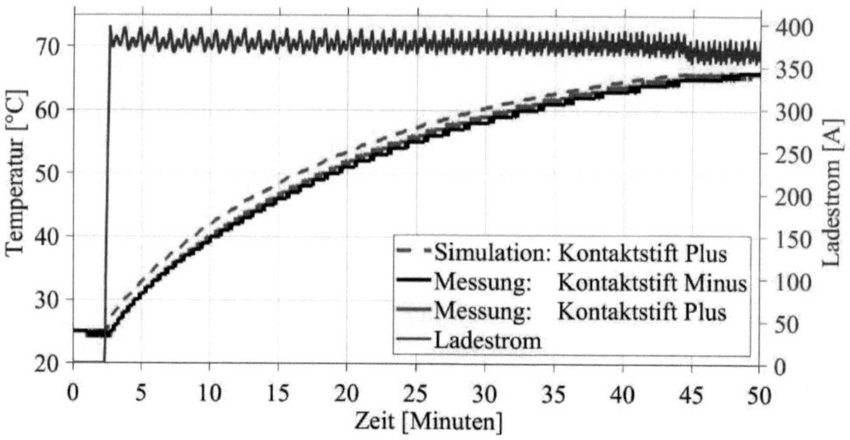

Abbildung 7-3: Validierung: Kontaktstifttemperatur: 375A, 25°C Umgebung

Aufgrund der Validierung werden die zu erwartenden Simulationsergebnisse für die Untersuchung der Optimierungsansätze als realitätsnah eingestuft. Die Simulation ermöglicht es, verschiedene Optimierungsansätze durch die flexible Anpassung der Simulationsparameter innerhalb kurzer Rechenzeit zu untersuchen [129].

7.4 Optimierung: CCS Ladedose

Einhergehend mit Ladeströmen von mehreren hundert Ampere und dem elektrischen Widerstand der Ladekomponenten entstehen elektrische Verluste in Form von Wärme [130]. Zwecks Wirkungsgradsteigerung des Ladepfads ist es prinzipiell erstrebenswert, die gesamte Wärmeentwicklung möglichst gering zu halten. Neben der Einsparung von Energie beim Laden und damit der Einsparung von Energiekosten können auch fahrzeugseitig die Kühlkomponenten kleiner dimensioniert werden. Dies führt allgemeinhin zu kleineren Bauteilen, die darüber hinaus meist kostengünstiger und leichter sind [12]. Daraus resultiert ein geringeres Fahrzeuggewicht, was sich in einem niedrigeren

Energieverbrauch im Fahrbetrieb äußert. Gleichzeitig reduziert ein geringerer und langsamerer Temperaturanstieg die thermischen und mechanischen Belastungen der Ladekomponenten, was die Langlebigkeit der Ladekomponenten begünstigt [13].

Ziel bei der Auslegung der Ladepfadkomponenten für das schnelle Laden ist dabei immer, möglichst lange den maximal zulässigen Ladestrom aufrecht zu halten. Dabei müssen die Temperaturgrenzwerte der CCS Ladedose gemäß DIN EN IEC 62196-1 zum Schutz des Menschen eingehalten werden [127]. Der Temperatursensor der CCS Ladedose liegt am Übergang von Kontaktstift zur Verbindungsplatte, Abbildung 7-1.

Im Folgenden werden drei verschiedene thermische Optimierungsansätze für die CCS Ladedose mittels Softwaresimulation untersucht und die Einflüsse auf den Temperaturverlauf am temperaturbegrenzenden Kontaktstift der CCS Ladedose aufgezeigt. Alle Optimierungsansätze verfolgen dabei jeweils einen konkreten Ansatz eines der folgenden Prinzipien: „Wärmeentstehung reduzieren" (1), „Wärmeaufnahme vergrößern" (2) und „Wärmeleitung erhöhen" (3). Durch den Fokus auf möglichst geringe Änderungen an der bestehenden CCS Ladedose lassen sich die Optimierungsansätze auch realitätsnah umsetzen. Abbildung 7-4 gibt einen Überblick über die Änderungen.

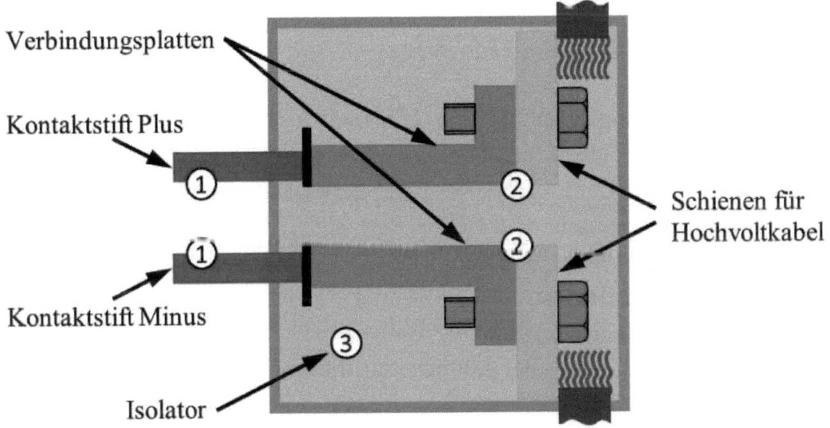

Abbildung 7-4: Optimierungsansätze von CCS Ladedose

Die erste Möglichkeit zur Optimierung der CCS Ladedose hat den Ansatz die Wärmeentstehung zu verringern, Gleichung 3.15. Für diesen Optimierungsansatz wird die Kontaktkraft zwischen Ladestecker und Kontaktstift der CCS Ladedose erhöht, was sich in einem reduzierten Übergangswiderstand und reduzierter Wärmeentstehung äußert, Abbildung 7-4 (1).

Die zweite Optimierung untersucht die Auswirkung einer vergrößerten Wärmeaufnahme der CCS Ladedose auf den Temperaturverlauf am Kontaktstift. Laut Gleichung 3.11 kann durch die größere thermische Bauteilmasse der Verbindungsplatte und der Schiene für das Hochvoltkabel mehr der unvermeidlich entstehenden Abwärme aufgenommen werden, Abbildung 7-4 (2). Durch einen langsameren Temperaturanstieg des Bauteils können lokale Hitzepunkte reduziert und die mechanische Belastung durch thermische Spannungen abgeschwächt werden [13].

Alternativ zur Reduktion der Wärmeentstehung und zur Vergrößerung der Wärmeaufnahme beschreibt der dritte Optimierungsansatz die Erhöhung der Wärmeleitung des Isolators, Gleichung 3.14. Durch den Einsatz von Aluminiumoxid als Isolatormaterial steigt der Wärmestrom der Bauteile an den Isolator. Die Abwärme wird schneller an das Gehäuse und an die Umgebung abgegeben, Abbildung 7-4 (3).

7.4.1 Kontaktwiderstand reduzieren

Der erste Optimierungsansatz für die CCS Ladedose besteht in der Reduktion von Wärme während des Ladevorgangs. Gleichung 3.6 zeigt die lineare Abhängigkeit zwischen der Stromstärke I und der elektrischen Leistung $P_{elektrisch}$, bei gegebener Spannung U. Die elektrothermische Verlustleistung $P_{Verlust}$ von stromdurchflossenen Bauteilen hängt ihrerseits proportional vom Bauteilwiderstand $R_{Verlust}$ und dem Strom I in zweiter Potenz ab, Gleichung 3.15. Um die gewünschte Ladeleistung für die Batterie bereitzustellen, ist der gleiche Stromwert erforderlich. Daher können die thermischen Wärmeverluste nur durch den Bauteilwiderstand verändert werden.

Laut Gleichung 3.8 nimmt mit steigender Kontaktkraft zwischen zwei Kontaktpartnern der Übergangswiderstand ab [81]. Im speziellen Fall der CCS Ladedose sind die Kontaktpartner die Kontaktfedern des Ladesteckers und die Kontaktstifte der CCS Ladedose, Abbildung 7-5.

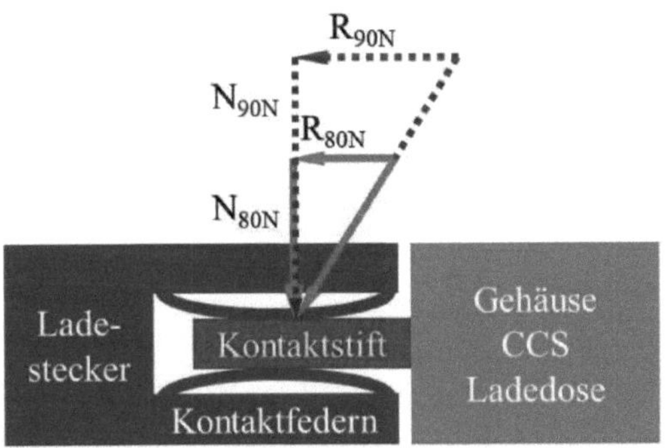

Abbildung 7-5: Zusammenhang Reibungs- und Kontaktkraft

Laut DIN EN IEC 62196-1:2022: Teil 1 [131] sind die maximal zulässigen Steck- und Ziehkräfte bei der CCS Ladedose auf 100N beschränkt.

Im automobilen Umfeld sind die Ladedosen für über 10.000 Steckzyklen ausgelegt, um die gesamte Lebensdauer eines Fahrzeuges abzudecken [132], [133]. Dabei liegen die Steck- und Ziehkräfte zwischen 45N und circa 80N [134]. Die Toleranzen liegen bei circa 10% [66].

Für die Untersuchung des Optimierungsansatzes zur Reduzierung der Wärmeentstehung wird als Ausgangszustand die Steckkraft von 80N mit einer Anhebung auf 90N untersucht. Im Falle einer 10%igen Abweichung würde die Steckkraft somit noch im Normbereich unter 100N bleiben [135].

Für die Berechnung des Kontaktwiderstands wird allerdings laut Gleichung 3.8 die senkrecht auf der Kontaktfläche stehende Normalkraft N benötigt und nicht die Steckkraft, die im Folgenden als Reibungskraft R bezeichnet wird. In Abbildung 7-5 ist durch das Reibungsdreieck über die Trigonometrie [136], das feste Verhältnis von Reibkräften und Normalkräften zu erkennen. Dieser Zusammenhang ist in Gleichung 7.1 dargestellt und wird als Reibungskoeffizient μ bezeichnet [137].

$$\mu = \frac{R_{80N}}{N_{80N}} = \frac{R_{90N}}{N_{90N}} \qquad\qquad \text{Gl. 7.1}$$

Durch Gleichung 7.1 zeigt Gleichung 7.2 das proportionale Verhältnis des Quotienten aus Normalkraft N_{90N} und N_{80N} und dem Quotienten aus Reibungskraft R_{90N} und R_{80N}. Die Normalkraftsteigerung beträgt 12,5%.

$$\frac{R_{80N}}{N_{80N}} = \frac{R_{90N}}{N_{90N}} \quad \Rightarrow \quad \frac{N_{90N}}{N_{80N}} = \frac{R_{90N}}{R_{80N}} = \frac{90N}{80N} = 12,5\% \qquad \text{Gl. 7.2}$$

Nach Gleichung 3.8 ergibt sich somit für die Werte aus der Simulation nach Gleichung 7.2 eine prozentuale Reduktion des Kontaktwiderstands von 5,7%, Gleichung 7.3.

$$Red_{Kontakt} = 1 - \frac{1}{\sqrt{\frac{90N}{80N}}} = 5,7\% \qquad \text{Gl. 7.3}$$

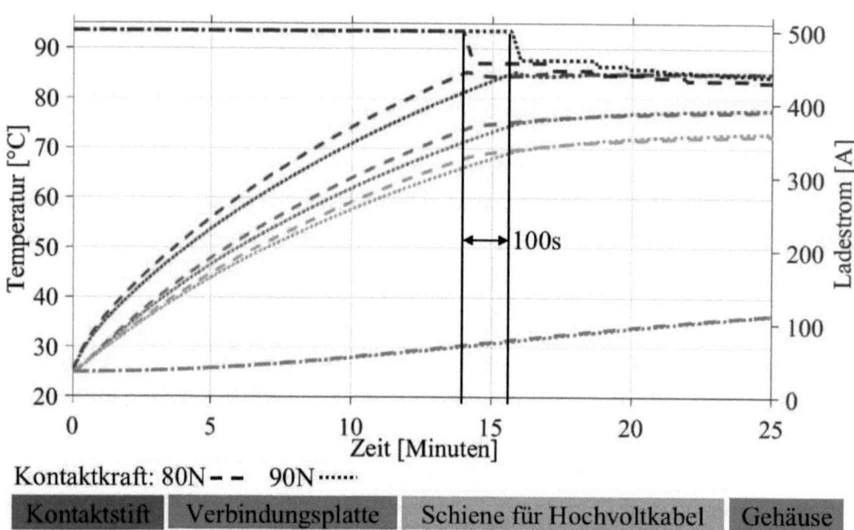

Abbildung 7-6:CCS Kontaktwiderstand reduzieren, 25°C Umgebung

In Abbildung 7-6 sind die Simulationsergebnisse für den Temperaturverlauf der Bauteile der CCS Ladedose im Ausgangszustand mit einer Steckkraft von

80N (gestrichelte Linien) dargestellt. Die Temperaturverläufe des Optimierungsansatzes mit einer Steckkraft von 90N werden durch gepunktete Linien gegenübergestellt [138].

Der Grenztemperaturwert für die Simulation ist bei 85°C eingestellt, um einen gewissen Sicherheitsabstand zu der maximal zulässigen Temperatur von 90°C laut DIN EN IEC 62196-1:2022 einzuhalten [127].

Beginnend bei einer Außentemperatur von 25°C steigt die Temperatur des Kontaktstifts bis Minute 14 während des konstanten Ladestroms von 500A stetig an. Beim Erreichen von 85°C wird der Ladestrom in der Referenzversion für 3 Minuten auf zunächst auf 455A und kurz darauf auf 430A reduziert, um einen weiteren Temperaturanstieg zu vermeiden.

In der Version mit dem Optimierungsansatz mit dem reduzierten Kontaktwiderstand kann durch die geringere Wärmeentwicklung der Ladestrom von 500A etwa 100 Sekunden länger aufrechterhalten werden, bis auch hier eine Temperatur von 85°C zum Herabsetzen des Ladestroms führt. Der Ladestrom von 500A kann somit um 12% länger gehalten werden [139].

Die Reduktion des Ladestroms geschieht ebenfalls schrittweise zunächst auf 460A und dann auf 440A. Damit liegt der dauerhaft mögliche Ladestrom für eine stationäre Temperatur von 85°C am Kontaktstift um 10A höher als bei der Referenzversion.

Die Bauteile Verbindungsplatte und Schiene für das Hochvoltkabel zeigen ebenfalls einen flacheren Temperaturanstieg innerhalb der ersten 16 Minuten. Da im weiteren Zeitverlauf der Ladestrom auf einem höheren Wert liegt als in der Referenzversion, steigen die Temperaturen geringfügig um 1K weiter auf 78°C, respektive 73°C an. Die Gehäusetemperaturverläufe sind in beiden Simulationen fast identisch und liegen nach 25 Minuten etwa bei 36°C. Dies ist zurückzuführen auf die träge Reaktion des Gehäuses und die gute Kühlung durch die große Oberfläche.

7.4.2 Thermische Masse erhöhen

Der Optimierungsansatz, die Wärmeaufnahme der CCS Ladedose zu vergrößern, hat zum Ziel, das Erreichen der limitierenden Grenztemperatur an den Kontaktstiften hinauszuzögern.

Die thermische Kapazität C_{th} beschreibt die Fähigkeit eines Körpers, thermische Energie zu speichern und wieder abzugeben. Sie steht dabei im proportionalen Verhältnis zu der spezifischen Wärmekapazität c und der Masse m des Bauteils, Gleichung 3.11, [87].

Für den Optimierungsansatz soll der Werkstoff und damit die spezifische Wärmekapazität c der stromführenden Teile unverändert bleiben. Daher wird das Aufnahmevermögen der unvermeidbaren Wärme durch elektrothermische Verluste durch eine Erhöhung der thermischen Masse m in dem Optimierungsansatz vergrößert [140].

Die Masse m kann durch die Materialdicke der Stromleiter verändert werden. Bei einer Umsetzung des Optimierungsansatzes in der Realität würde dies nur eine geringe Anpassung im Inneren der CCS Ladedose bedeuten, ohne die Außenkontur des Gehäuses zu beeinflussen.

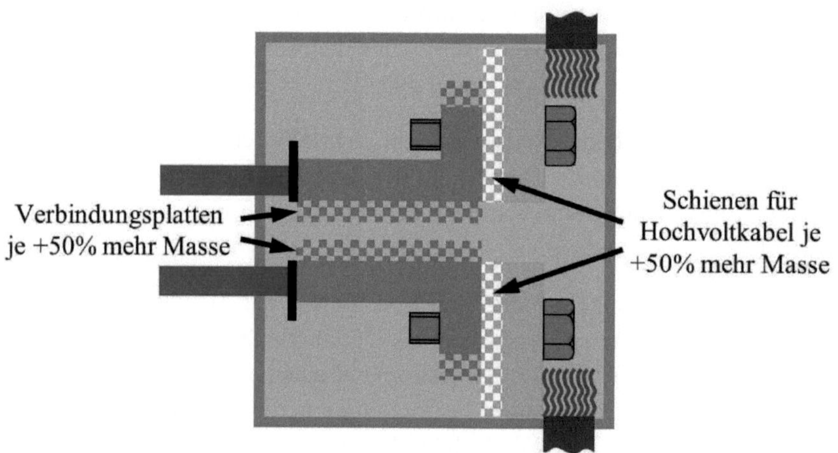

Abbildung 7.1: CCS Ladedose: Bauteile mit 50% mehr thermischer Masse

Im speziellen Fall der CCS Ladedose werden die Massen der Verbindungsplatten und der Schienen für das Hochvoltkabel um 50% erhöht, Abbildung 7.1, [141].

Bei gleichbleibendem Material und dessen Dichte ϱ führt eine Erhöhung der Stromleitermasse zu einer proportionalen Vergrößerung des Volumens V,

Gleichung 3.9. Wenn die Länge l unverändert bleibt, ändert sich dadurch ebenfalls proportional der Querschnitt A, Gleichung 3.10. Laut Gleichung 3.14 steigt dadurch ebenfalls proportional der Wärmestrom $\dot{Q}_{Konduktion}$, der zusätzlich die Abfuhr von Wärme begünstigt.

Da die Verbindungsplatten und die Schienen für das Hochvoltkabel nur wenige Zentimeter groß sind, ändert sich die absolute Masse der Bauteile nur um wenige Gramm.

Die Start- und Umgebungstemperatur für die Simulation beträgt 25°C. Mit ausreichendem Abstand zur maximal zulässigen Temperatur von 90°C [127] wird eine Endtemperatur von 85°C an den Kontaktstiften festgelegt. Der eingestellte Kühlwert pro Kontaktstift beträgt 3,5W und wird über den Ladestecker der Ladestation abgeführt [142]. Der Ladestrom beträgt zu Beginn konstant 500A und wird nach Erreichen von 85°C so lange reduziert, bis sich ein konstanter Temperaturwert am Kontaktstift einstellt.

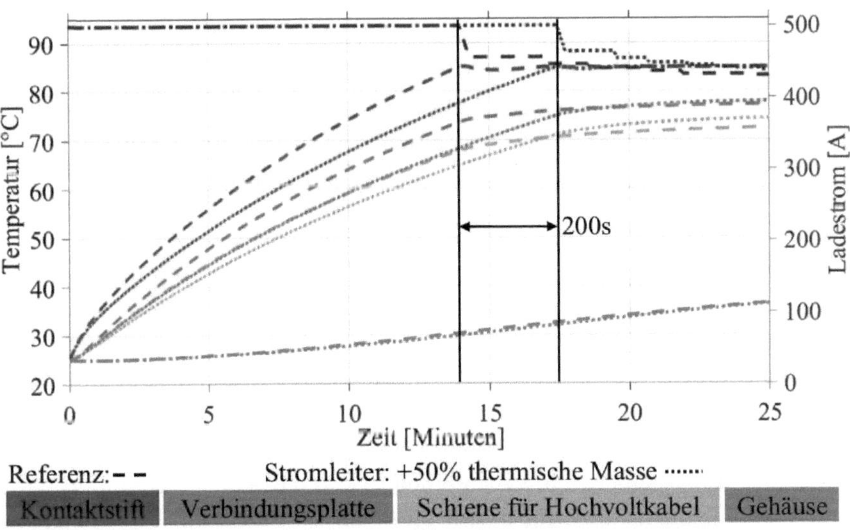

Abbildung 7.2: CCS Stromleiter: thermische Masse +50%, 25°C Umgebung

Als Referenz wird der simulierte Temperaturverlauf am Kontaktstift der aktuellen Konstruktion gewählt und mit den Ergebnissen für die Variante mit der erhöhten thermischen Masse verglichen, Abbildung 7.2.

Bei einem konstanten Ladestrom von 500A erreicht der Kontaktstift der Referenzversion innerhalb von 14 Minuten die für die Simulation festgelegte Endtemperatur von 85°C. In der optimierten Version wird die Endtemperatur von 85°C erst 200s später erreicht. Der Ladestrom von 500A kann somit um 24% länger gehalten werden.

Zurückzuführen ist dies auf die Erhöhung der thermischen Masse der Verbindungsplatte und der Schiene für das Hochvoltkabel. Nach Gleichung 3.11 wird durch die Erhöhung der Massen m die thermische Kapazität C_{th} vergrößert, welche einen höheren Wärmestrom $\dot{Q}$ ermöglicht, Gleichung 3.12, und damit als größere Wärmesenke dient. Durch die Fähigkeit, mehr Wärme aufnehmen zu können, ergibt sich sowohl für die Verbindungsplatte als auch für die Schiene für das Hochvoltkabel eine langsamere Erwärmung. Die Reduktion des thermischen Widerstands $R_{thermisch}$ vergrößert dabei auch den konduktiven Wärmestrom $\dot{Q}_{Konduktion}$, Gleichung 3.14. Dies erhöht die Wärmeleitung an die benachbarten Bauteile und das Gehäuse.

Um einer Überschreitung der Endtemperatur entgegenzuwirken, wird der Ladestrom nach Erreichen einer Temperatur am Kontaktstift von 85°C reduziert. In der Referenzversion wird der Ladestrom für 3 Minuten zunächst auf 455A reduziert, bis sich nach 5 Minuten durch eine stetige Reduktion des Ladestroms auf 430A eine konstante Temperatur am Kontaktstift von 85°C einstellt.

In der Simulation mit der erhöhten thermischen Masse wird der Ladestrom nach circa 17 Minuten zunächst für 2 Minuten auf 464A reduziert. Nach der kontinuierlichen Reduktion auf 440A über einen Zeitraum von 5 Minuten stellt sich am Kontaktstift ebenfalls eine konstante Temperatur von 85°C ein. Damit liegt der dauerhafte Ladestrom um 10A höher als bei der Basisversion. Insgesamt ergibt sich dadurch im Vergleich zu der Referenzversion eine größere elektrische Energiemenge pro Zeiteinheit, die in das System eingeführt wird. Dies ist gleichbedeutend mit einem größeren Wärmestrom, laut Gleichung 3.15 und führt zu einer stärkeren Erwärmung der Verbindungsplatten und der Stromschienen für das Kabel. Beide Graphen der Bauteilsimulation mit der erhöhten thermischen Masse liegen nach circa 18 Minuten Ladezeit über dem Temperaturniveau der jeweiligen Referenzversion [143].

Ein ähnlicher Verlauf ist auch an der Erwärmung des Gehäuses zu erkennen, auch wenn der Temperaturunterschied nur schwach ausgeprägt ist. Der gesteigerte elektrische Energieeintrag äußert sich auch hier über die erhöhte Abwärme in einer höheren Gehäusetemperatur. Da die Masse und die ableitende Oberfläche des Gehäuses im Vergleich zu den stromführenden Teilen groß sind, lassen sich die geringen Temperaturunterschiede erklären.

7.4.3 Isolatormaterial ändern

Neben den Ansätzen zur Reduzierung der Wärmentwicklung und der Vergrößerung der Wärmeaufnahme wirkt sich auch eine erhöhte Wärmeleitung positiv auf einen niedrigeren und langsameren Temperaturanstieg der Ladekomponenten aus.

Für den Optimierungsansatz zur Erhöhung der Wärmeleitung der CCS Ladedose ist ein Ansatz nach Gleichung 3.13, die materialspezifische Wärmeleitfähigkeit λ zu erhöhen. Dazu wird ein alternativer Werkstoff für den Isolator gesucht. Durch den direkten Kontakt des Isolators mit den stromführenden Bauteilen kann durch Konduktion Wärme an das Gehäuse abgeführt werden. Die Anforderungen an das Isolatormaterial sind gute elektrisch isolierende Eigenschaften bei gleichzeitig guter thermischer Leitfähigkeit.

Der Vorteil bei der Anpassung des Isolatormaterials liegt in der gleichbleibenden Geometrie der inneren Bauteile und des Gehäuses der CCS Ladedose. Dies wirkt sich vorteilhaft auf die Umsetzbarkeit des Optimierungsansatzes und auf die Nachrüstbarkeit von bestehenden Fahrzeugen aus.

Ein weitverbreitetes Material für Gehäuse stellt Kunststoff dar. Dieser Werkstoff zeichnet sich neben der sehr guten elektrischen Isolationseigenschaft auch durch die günstigen Materialkosten [144], [145], [146], [147] und die gute Verarbeitung im Spritzgußverfahren aus.

Das Ausgangsmaterial für den Isolator der CCS Ladedose besteht aus dem Kunststoff Polyamid 66 (PA66). Es besitzt einen spezifischen elektrischen Widerstand von $10^{15}\,\Omega\cdot\mathrm{cm}$ [148], [149]. Andere Kunststoffe, wie beispielsweise Polyphenylensulfid (PPS) [150], Polybutylenterephthalat (PBT) [151] oder Polyethertherketon (PEEK) [152], die sich zum Teil durch günstige Materialkosten auszeichnen, besitzen im Vergleich zu Polyamid 66 je nach Datenblatt einen spezifischen elektrischen Widerstand von circa $10^{13}\,\Omega\cdot\mathrm{cm}$.

Die thermische Leitfähigkeit variiert bei Kunststoffen hingegen in einem geringen Rahmen. So liegt die materialspezifische Wärmeleitfähigkeit λ mit einem Wert von 0,3 $\frac{W}{m \cdot K}$ für Polyphenylensulfid (PPS) [153] leicht über dem von Polybutylenterephthalat (PBT) mit 0,27 $\frac{W}{m \cdot K}$ [154], [155] und Polyetheretherketon (PEEK) mit 0,25 $\frac{W}{m \cdot K}$ [156]. Der Unterschied zu Polyamid 66 mit einer materialspezifischen Wärmeleitfähigkeit von 0,23 $\frac{W}{m \cdot K}$ [157] fällt gering aus.

Eine andere Werkstoffgruppe mit sehr guter elektrischer Isolationseigenschaft und gleichzeitig sehr guter thermischer Leitfähigkeit ist Keramik.

Die Keramik Aluminiumoxid (Al_2O_3) besitzt mit 10^{14} bis 10^{15} $\Omega \cdot cm$ [158], [159], einen vergleichbaren oder leicht größeren spezifischen elektrischen Widerstand als Polyamid 66. Die materialspezifische Wärmeleitfähigkeit hingegen liegt mit 20-30 $\frac{W}{m \cdot K}$ [160], [161] um zwei Zehnerpotenzen höher.

Eine noch höhere materialspezifische Wärmeleitfähigkeit besitzt die Keramik Aluminiumnitrid (AlN) mit einem Wert von über 150 $\frac{W}{m \cdot K}$ [162], [163]. Dem stehen wiederum eine spezifische elektrische Isolationseigenschaft von ca. 10^{12} $\Omega \cdot cm$ [163] und hohe Herstellungskosten [164] gegenüber, weshalb für den Optimierungsansatz das preislich attraktivere Aluminiumoxid (Al_2O_3) betrachtet wird [165], [166].

Mischungen aus Kunststoff mit Keramik haben nur einen geringfügigen Effekt auf die thermische Leitfähigkeit. Daher wird in der Simulation für das Isolatormaterial der CCS Ladedose nur der Kunststoff Polyamid 66 als Ausgangsmaterial mit der Keramik Aluminiumoxid (Al_2O_3) als Optimierungsansatz verglichen. Die Simulation zeigt dabei die Auswirkung des Temperaturanstiegs am Kontaktstift.

Als Randbedingungen für die Simulation in Abbildung 7-7 werden eine Start- und Umgebungstemperatur von 25°C angenommen. Mit ausreichendem Abstand zur maximal zulässigen Temperatur von 90°C wird eine Endtemperatur von 85°C an den Kontaktstiften festgelegt. Der Ladestrom beträgt zu Beginn konstant 500A und wird nach Erreichen von 85°C schrittweise reduziert bis sich ein konstanter Temperaturwert von 85°C an den Kontaktstiften einstellt. Der Kühlwert pro Kontaktstift beträgt 3,5W und wird über den Ladestecker der Ladestation abgeführt.

In der Abbildung 7-7 wird die Referenzversion des Isolators aus Polyamid 66 in gestrichelten Linien und der Optimierungsansatz aus Aluminiumoxid gepunktet dargestellt.

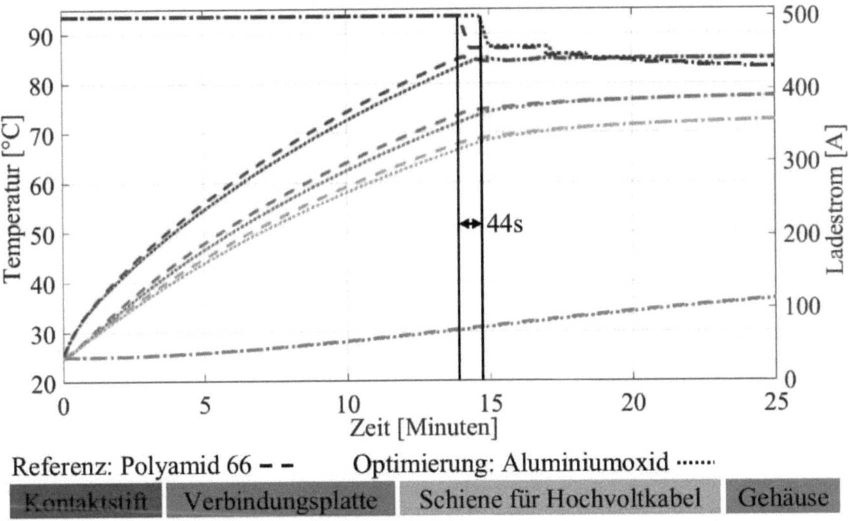

Abbildung 7-7: Isolator: Polyamid 66 / Aluminiumoxid, 25°C Umgebung

Bei einem konstanten Ladestrom von 500A erreicht der Kontaktstift der Referenzversion innerhalb von 14 Minuten die für die Simulation festgelegte Endtemperatur von 85°C. In der optimierten Version wird die Endtemperatur von 85°C erst 44s später erreicht. Der Ladestrom von 500A kann um 5% länger gehalten werden.

Zurückzuführen ist dies auf die bessere Wärmeleitung von den stromführenden Bauteilen auf den Isolator. Durch die Vergrößerung der Wärmeleitfähigkeit λ des Isolators wird nach Gleichung 3.14 der konduktive Wärmestrom vergrößert. Durch die erhöhte Wärmeleitung des Isolators ergibt sich für die Verbindungsplatte und die Schiene für das Hochvoltkabel eine langsamere Erwärmung. Dadurch kann die Wärme vom Isolator schneller an das Gehäuse abgeleitet werden.

Um einer Überschreitung der Endtemperatur entgegenzuwirken, wird der Ladestrom nach Erreichen einer Temperatur am Kontaktstift von 85°C reduziert. In der Referenzversion wird der Ladestrom für 3 Minuten zunächst auf 455A reduziert, bis sich nach einer weiteren Reduktion auf 430A eine konstante Temperatur am Kontaktstift von 85°C einstellt.

Im Fall des Isolators aus Aluminiumoxid wird der Ladestrom 44s später auf 458A reduziert und für circa 3 Minuten gehalten. Nach der anschließenden Reduktion des Ladestroms auf 432A stellt sich am Kontaktstift ebenfalls eine konstante Temperatur von 85°C ein. Damit liegt der dauerhafte Ladestrom leicht über dem Niveau der Referenzversion.

Durch den kurzzeitig längeren hohen Ladestrom ergibt sich im Vergleich zu der Referenzversion insgesamt eine größere elektrische Energiemenge in diesem Zeitraum, die in das System eingeführt wird. Dies ist gleichbedeutend mit einem größeren Wärmestrom laut Gleichung 3.15.

Da der zusätzliche Wärmeeintrag durch die verlängerte Ladezeit mit 500A kurz ausfällt, ist der Temperaturanstieg am Gehäuse nur schwach ausgeprägt. Außerdem sind die Masse und die ableitende Oberfläche des Gehäuses im Vergleich zum Isolator groß und erklären somit die geringe Temperaturänderung.

Trotz der geringen Unterschiede im Temperaturverlauf ermöglicht dies eine Verlängerung der Ladezeit um 5% bei einer Stromstärke von 500A. Beim Erreichen der Temperatur von 85°C wird der Ladestrom reduziert, um einen weiteren Temperaturanstieg der CCS Ladedose zu vermeiden.

7.4.4 CCS Ladedose mit allen 3 Optimierungen

Die drei vorgestellten Optimierungsansätze der CCS Ladedose können über unterschiedliche physikalische Effekte den Temperaturanstieg an den Kontaktstiften abflachen. Nachfolgend wird untersucht, wie sich der Temperaturverlauf des Modells der CCS Ladedose verhält, wenn alle drei Optimierungsansatz in einer Simulation umgesetzt werden [167].

Als Vergleichswerte werden die Temperaturerwärmungsverläufe der einzelnen Bauteile der CCS Ladedose im Ausgangszustand bei einem simulierten Ladestrom von 500A und 25°C Umgebungstemperatur verwendet. Der eingestellte Kühlwert des Ladesteckers der Ladestation beträgt weiterhin pro Kontaktstift 3,5W.

Für die Simulation der CCS Ladedose mit den drei Optimierungsansätzen wurde der reduzierte Kontaktwiderstand, die um 50% erhöhte Bauteilmasse der Verbindungsplatte und der Schiene für das Hochvoltkabel, sowie das Isolatormaterial aus Aluminiumoxid als Modellparameter eingestellt. Abbildung 7-8 zeigt die simulierten Temperaturverläufe an den Kontaktstiften, der Verbindungsplatte, den Schienen für die Hochvoltkabel und dem Gehäuse der CCS Ladedose.

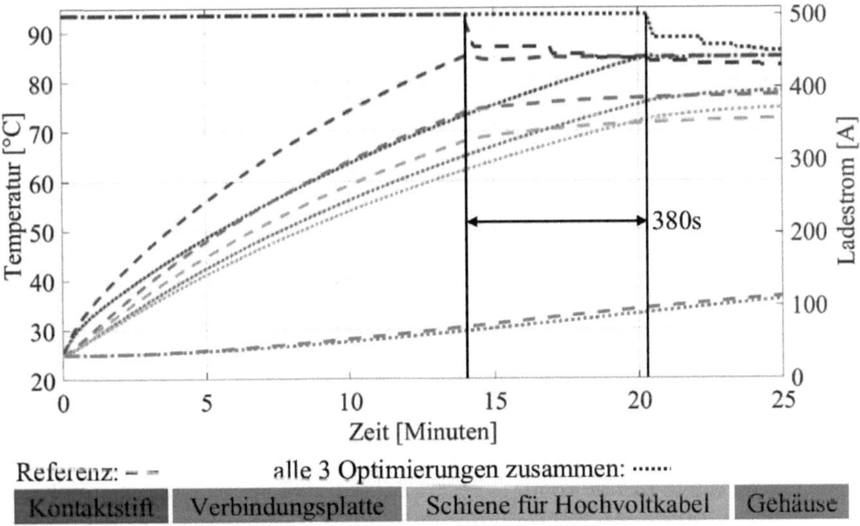

Abbildung 7-8:CCS Ladedose mit allen 3 Optimierungen, 25°C Umgebung

Bei einem konstanten Ladestrom von 500A erreicht der Kontaktstift der Referenzversion innerhalb von 14 Minuten die für die Simulation festgelegte Endtemperatur von 85°C. In der optimierten Version wird die Endtemperatur von 85°C erst 380s später erreicht. Der Ladestrom von 500A kann somit um 45% länger gehalten werden, Abbildung 7-8.

Um einer Überschreitung der Endtemperatur entgegenzuwirken, wird der Ladestrom nach Erreichen einer Temperatur am Kontaktstift von 85°C schrittweise reduziert. In der Referenzversion wird diese konstante Temperatur bei einem Ladestrom von 430A erreicht.

In der Simulation mit den drei Optimierungsansätzen stellt sich eine konstante Temperatur am Kontaktstift bei 450A ein. Somit liegt der dauerhaft mögliche

Ladestrom 20A höher als in der Ausgangsversion. Insgesamt ergibt sich dadurch eine größere elektrische Energiemenge pro Zeiteinheit im Vergleich zur Referenzversion, die über den Ladepfad der CCS Ladedose in das Fahrzeug eingeführt wird. Dies führt durch den dauerhaft höheren Ladestrom zu einer Verkürzung der Ladezeit.

Der durch den höheren Ladestrom verursachte größere Wärmestrom nach Gleichung 3.15 zeigt sich in den zwei Graphen der Verbindungsplatte und der Stromschiene für das Hochvoltkabel in einem Anstieg der Temperatur. Zum Ende der Simulation, in der die drei Optimierungsansätze gemeinsam betrachtet werden, liegen die Temperaturen der Verbindungsplatte und der Stromschiene für das Hochvoltkabel jeweils über dem Temperaturniveau der jeweiligen Referenzversion.

Der Temperaturverlauf am Gehäuse der CCS Ladedose zeigt bis Minute 14 einen leicht geringeren Temperaturanstieg. Dies ist auf die zunächst geringere Erwärmung der stromleitenden Bauteile zurückzuführen. Im weiteren Verlauf nähert sich die Temperatur wieder der Gehäusereferenztemperatur an, da durch den höheren Ladestrom die Wärmeentstehung ansteigt. Zum Ende der Simulationszeit besteht nur ein geringfügiger Temperaturunterschied.

Der Vergleich der drei einzelnen Optimierungen mit der Simulation, in der alle Optimierungen gemeinsam in einem Modell untersucht wurden, zeigt den gegenseitigen positiven Effekt der Optimierungsmaßnahmen untereinander. Die Reduktion des Kontaktwiderstands am Kontaktstift der CCS Ladedose reduziert die Wärmeentstehung, ermöglicht aber andererseits auch einen höheren Ladestrom bei gleicher Endtemperatur. Durch die erhöhte Wärmeaufnahme und Wärmeleitfähigkeit der optimierten Bauteile kann durch eine niedrigere Bauteiltemperatur entsprechend des temperaturabhängigen Widerstands zusätzlich die Wärmeentstehung reduziert werden. Durch die Optimierungsmaßnahmen kann der Temperaturanstieg am Kontaktstift signifikant hinausgezögert werden. Dabei liegt die zeitliche Verbesserung der Ladezeit über dem Wert der Summe aller Einzelwerte.

8 Ladekomponente: MCS Ladedose

Nachdem in Kapitel 2.6, Ladesystem MCS (Megawatt Charging System) einleitende Informationen zu dem MCS Standard gegeben wurden, werden in den folgenden Unterkapiteln die Funktion und der Aufbau der MCS Ladedose sowie die thermischen Zusammenhänge der Bauteile untereinander beschrieben. Anschließend werden der Aufbau der thermischen Simulation und das validierte Simulationsmodell der MCS Ladedose vorgestellt, mit dem verschiedene Ansätze zur Optimierung der Ladekomponente untersucht werden können [168].

8.1 Funktion und Aufbau: MCS Ladedose

Das MCS Ladesystem ist eine Weiterentwicklung des CCS Ladesystems mit dem Fokus auf Gleichstromladen bei hohen Ladeleistungen. Entsprechend dieser Anforderung sind die Kontakte und nachfolgenden stromleitenden Bauteile größer dimensioniert.

Der Gleichstrom des Ladesteckers wird jeweils über einen MCS Kontaktstift übertragen, Abbildung 8-1. Am Ende der MCS Kontaktstifte befindet sich jeweils ein Temperatursensor, der die Temperatur beim Laden kontrolliert, damit die maximale Temperatur von 100°C zu keinem Zeitpunkt überschritten wird [71].

Der MCS Kontaktstift ist direkt mit der MCS Kontaktschiene verbunden und wird von dem MCS Ladedosengehäuse umschlossen. Neben der elektrisch isolierenden Funktion werden hier auch die mechanischen Kräfte durch das Eigengewicht des Ladesteckers und des Ladekabels aufgenommen. Das MCS Ladedosengehäuse stellt eine wasserdichte Verbindung zum Gehäuse der Sicherungsbox her.

Im Unterschied zur CCS Ladedose, die über Hochvoltkabel mit der Sicherungsbox verbunden ist, wird die MCS Ladedose direkt über Stromschienen im Inneren der Sicherungsbox mit weiteren Bauteilen kontaktiert.

© Der/die Autor(en), exklusiv lizenziert an
Springer Fachmedien Wiesbaden GmbH, ein Teil von Springer Nature 2026
J. Krings, *Thermische Simulation des elektrischen Ladepfads bei
Elektro-Nutzfahrzeugen*, Wissenschaftliche Reihe Fahrzeugtechnik
Universität Stuttgart, https://doi.org/10.1007/978-3-658-51550-8_8

Die Verbindung der MCS Kontaktschiene mit der MCS Stromschiene wird durch eine Schraubverbindung realisiert.

Da die MCS Stromschienen beim Laden stromführende Teile sind, müssen sie elektrisch von dem Gehäuse der Sicherungsbox isoliert werden. Dazu wird ein Wärmeleitmaterial verwendet, das neben elektrisch isolierenden Eigenschaften auch eine thermische Wärmeleitung zu dem Gehäuse der Sicherungsbox herstellt. Über den am Gehäuseboden befindlichen Kühlkanal wird ein Teil der Wärme der Stromschienen abgeführt.

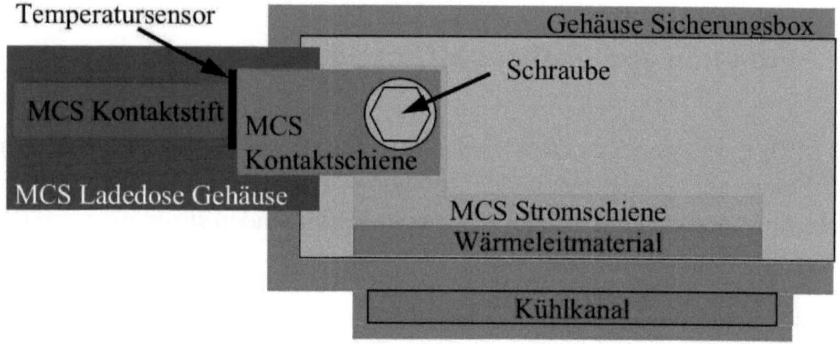

Abbildung 8-1: Aufbau der MCS Ladedose

8.2 Thermischer Simulationsaufbau: MCS Ladedose

Die Bauteile der MCS Ladedose aus Abbildung 8-1 finden sich in Abbildung 8-2 wieder und zeigen schematisch die Wärmeübertragungswege der MCS Ladedose. Analog zu der CCS Ladedose ist auch hier der Modellierungsansatz des ZVEI Leitfadens für den Aufbau der thermischen Simulation in Matlab verwendet worden. Zur besseren Übersicht ist exemplarisch nur der Strompfad für eine Polarität abgebildet. In der Simulationsberechnung werden jedoch beide Strompfade betrachtet. Der Anhang A3 zeigt weitere Details des Modells.

Die Steckerkontakte von CP, PP, PE und Kommunikation, siehe Kapitel 2.6 Ladesystem MCS (Megawatt Charging System), werden aufgrund ihrer geringen thermischen Masse und des geringen Wärmeeintrags durch den Strom zur Kommunikation nicht in die Simulation einbezogen.

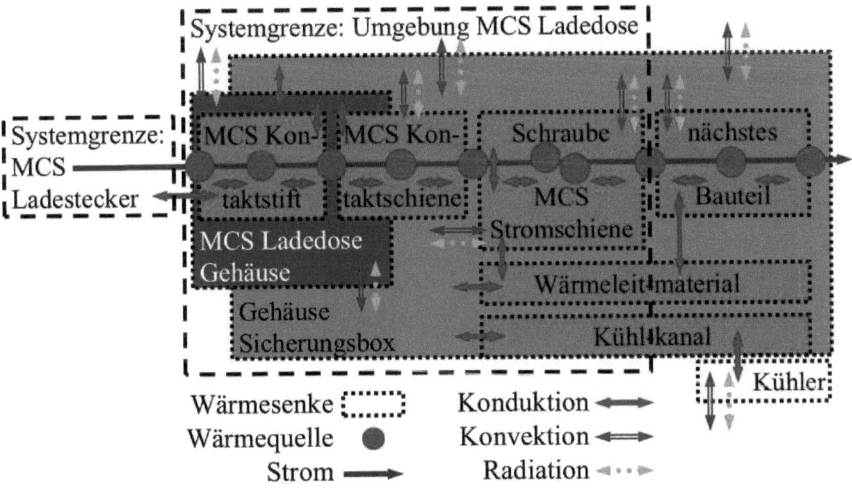

Abbildung 8-2: Thermischer Simulationsaufbau: MCS Ladedose

Der MCS Kontaktstift, die MCS Kontaktschiene, die MCS Stromschiene sowie die Schraube als Befestigungselement werden als stromleitende Bauteile abgebildet. Aufgrund ihres elektrischen Widerstands entsteht durch den Strom im Inneren der Bauteile Wärme und sie werden als Wärmequelle interpretiert. Der MCS Kontaktstift besitzt die Möglichkeit, einen Teil seiner Wärme über die Systemgrenze des flüssigkeitsgekühlten MCS Ladesteckers abzugeben.

An den Systemgrenzen der MCS Ladedose werden der Strom und die Wärme an die nächsten Bauteile der Sicherungsbox übergeben. Auf das Übertragungsverhalten der Sicherungsbox wird an entsprechender Stelle ab Kapitel 9 Ladekomponente: Sicherungsbox eingegangen.

Wie bei der CCS Ladedose sind auch bei der MCS Ladedose zwei stromführende Schienen mit einer Schraubverbindung verbunden. Da der Strom hier entsprechend der elektrischen Leitfähigkeit der Bauteile als Parallelschaltung interpretiert werden kann, sind in Abbildung 8-2 dort zwei Wärmequellen eingetragen.

Durch ihre Masse können die Bauteile auch Wärme aufnehmen und werden zusätzlich als Wärmesenken modelliert.

Der Wärmetransport der berührenden Bauteile untereinander ist über Konduktion abgebildet. Der Kontaktwiderstand zwischen den Bauteilen ist als zusätzliche Wärmequelle implementiert. Zwei Besonderheiten im Vergleich zu der CCS Ladedose sind das Wärmeleitmaterial und der Kühlkanal der Sicherungsbox. Über das Wärmeleitmaterial kann die MCS Stromschiene Wärme an das Gehäuse der Sicherungsbox weiterleiten. Das Gehäuse kann seinerseits Wärme an die Kühlflüssigkeit des Kühlkanals abgeben.

Neben der Wärmeaufnahme durch die Kühlflüssigkeit bietet das Simulationsmodell auch die Möglichkeit, Wärme durch die Kühlflüssigkeit in das Gehäuse der Sicherungsbox einzuleiten. Dieser Fall kann beispielweise bei sehr tiefen Umgebungstemperaturen sinnvoll sein, um die Ladekomponenten etwas vorzuwärmen, damit mechanische Spannungen durch einen schnellen Temperaturanstieg beim Laden reduziert werden.

Das Gehäuse der MCS Ladedose kann über Konvektion und Radiation Wärme an die Umgebung und an das Innere der Sicherungsbox abgeben. Die MCS Kontaktschiene, die MCS Stromschiene und die Schraube stehen ebenfalls über Konvektion und Radiation mit der Luft im Gehäuse der Sicherungsbox im Austausch.

8.3   Simulationsvalidierung mit Messung: MCS Ladedose

Die Validierung der MCS Ladedose wird bei einer Umgebungstemperatur von 25°C und einem Ladestrom von 1300A durchgeführt, der nach 105 Minuten auf 1000A reduziert wird. Die Kühlflüssigkeitstemperatur beträgt 35°C bei einem Kühlvolumenstrom von 5,5 l/min und wird durchgängig als Referenzwert verwendet. Die Simulationsparameter wurden während der Arbeitsschritte der Kalibrierung der Simulation unter anderen Randbedingungen abgestimmt. In Anlehnung an die realen Tests werden in der Simulation die Bauteile durch die Umgebungsbedingungen und den Kühlkanal vortemperiert, bis sich ein thermisches Gleichgewicht einstellt. Daher startet die Bauteiltemperatur nicht zwangsläufig bei 25°C oder 35°C. In Abbildung 8-3 sind die vorhergesagten Temperaturverläufe für die MCS Schienen Plus und Minus gestrichelt dargestellt und die anschließend durchgeführten Tests mit ihren realen Messungen überlagert [169].

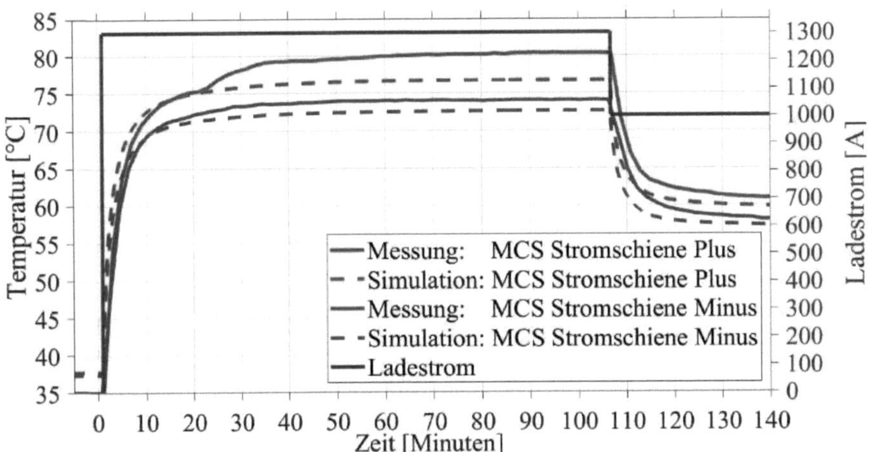

Abbildung 8-3: Validierung: Stromschienen, 25°C Umgebung, 35°C Kühlung

Der vorhergesagte Temperaturverlauf durch die Simulation an den MCS Stromschienen stimmt mit den Messungen in den ersten 23 Minuten sehr gut überein. Der schnelle Temperaturanstieg in den ersten Minuten an beiden Stromschienen wird treffend vorhergesagt. Auch die anschließende Abflachung bis Minute 105 wird insbesondere für die negative MCS Stromschiene sehr gut abgebildet. Die Temperaturdifferenz bis zum Herabsetzen des Ladestroms nach 105 Minuten beträgt 1,5K.

Das Abkühlverhalten ab Minute 105 ist ebenfalls vergleichbar. Auch wenn die Simulation einen etwas schnelleren Temperaturabfall vorhersagt, ist die stationäre Temperatur am Ende des Versuchs um weniger als 1K unterschiedlich.

Der Grund für den Temperatursprung bei Minute 23 im positiven Strompfad bei der Messung konnte nicht erklärt werden, da kein neuer Versuch mit einem ausgetauschten Temperatursensor durchgeführt wurde.

Die sehr gute Übereinstimmung des vorhergesagten Simulationsverlaufs für die MCS Stromschienen sowohl im Temperaturanstieg als auch in der Abkühlung bei reduziertem Ladestrom stimmen sehr gut mit den realen Ergebnissen überein und validieren die Simulation für die anschließende Verwendung zur Untersuchung von Optimierungsansätzen.

8.4 Optimierung: MCS Ladedose

Die prinzipiellen Herausforderungen von Wärmeentwicklung und Sicherheits-
anforderungen, die in Kapitel 7.4 „Optimierung: CCS Ladedose", beschrieben
wurden, treffen auch für die MCS Ladedose zu.

Ebenso lassen sich die untersuchten Optimierungsmaßnahmen der CCS Ladedose auch auf die MCS Ladedose anwenden. Allerdings werden für die Optimierung der MCS Ladedose gezielt neue Ansätze gewählt, die sich ihrerseits
abhängig von der Konstruktion auch auf die CCS Ladedose anwenden lassen.
Auch bei den Optimierungsansätzen der MCS Ladedose liegt der Fokus auf
Lösungen, die sich in bestehende Konstruktionen einfügen lassen [170].

Analog zu den in Kapitel 6 „Optimierungen von Ladekomponenten" beschriebenen Lösungsansätzen wird für die MCS Ladedose jeweils ein Optimierungsansatz aus „Wärmeentstehung reduzieren" (1), „Wärmeaufnahme vergrößern"
(2) und „Wärmeleitung erhöhen" (3) gewählt.

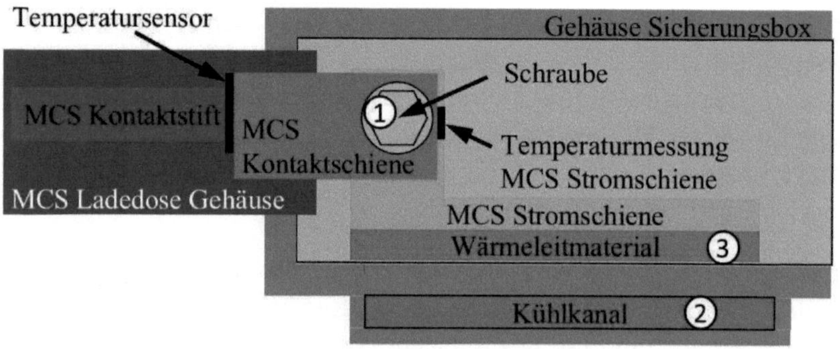

Abbildung 8-4: Optimierungsansätze von MCS Ladedose

Der Ansatz für die Reduktion der Wärmeentstehung besteht in der Reduktion
des elektrischen Widerstands der MCS Ladedose. Für die Untersuchung wird
die Verbindungsschraube zwischen MCS Kontaktschiene und MCS Stromschiene entfernt und die zwei Schienen werden als ein zusammenhängendes
Bauteil betrachtet. Dieser Ansatz ist in Abbildung 8-4 mit (1) markiert.

Der zweite Ansatz, Vergrößerung der Wärmeaufnahme, untersucht die Auswirkung eines erhöhten Kühlmittelvolumenstroms auf die MCS Kontaktstifttemperatur, Abbildung 8-4 (2).

Der Optimierungsansatz mit dem Fokus auf die Erhöhung der Wärmeleitung, zeigt die Auswirkung des Wärmeleitmaterials mit unterschiedlichen Wärmeleitfähigkeiten auf die Temperatur am MCS Kontaktstift, Abbildung 8-4 (3).

8.4.1 Kontaktwiderstand entfernen

Im Vergleich zum CCS Ladesystem sind beim MCS Ladesystem höhere Stromstärken zulässig. Entsprechend der Gleichung 3.15 Joule'sche Erwärmung führt dies bei gleichbleibendem Widerstand zu einem quadratischen Anstieg der Wärmeverluste. Auch wenn im Vergleich zur CCS Ladedose die maximal zulässige Temperatur an den Kontaktstiften von 90°C auf 100°C [71] angehoben wurde, bleibt die Wärmeentstehung der Ladedose eine für den Ladepfad kritische Größe. Daher kommt dem Kontaktwiderstand und dem Widerstand der Stromschienenverbindung eine besondere Bedeutung zu und wird im Optimierungsansatz zur Reduktion der Wärmeentstehung untersucht.

Abbildung 8-4 zeigt die Verbindung der MCS Kontaktschiene und der MCS Stromschiene durch die Schraube. Ähnlich wie beim Optimierungsansatz, den Kontaktwiderstand der CCS Ladedose zu reduzieren, Kapitel 7.4.1, wirkt sich auch eine steigende Schraubenkraft auf eine Widerstandsreduzierung im Übergang zwischen den zwei Schienen aus. Aus thermischer Sicht ist es erstrebenswert, wenn der Kontaktwiderstand komplett entfällt. Dazu werden die zwei Stromschienen für die Simulation als eine zusammenhängende Schiene betrachtet. Eine Montierbarkeit der MCS Ladedose mit einer zusammenhängenden Schiene ist dennoch gewährleistet. Die Beurteilung der Konstruktion einer fahrzeugspezifischen MCS Ladedose ist zwar nicht im Fokus dieser Aufgabenstellung, die Umsetzung von individuellen Lösungen ist aber prinzipiell nichts Ungewöhnliches für den Bereich der Automobilindustrie.

Abbildung 8-5 zeigt den Vergleich zwischen der Ausgangsversion als Referenz und den Simulationsergebnissen für die zwei verbundenen Stromschienen der MCS Ladedose. Die Umgebungstemperatur beträgt 25°C und die Kühlmitteltemperatur 35°C bei 5,5 l/min. Der Ladestrom beträgt konstant 1300A für 45 Minuten. Vor dem simulierten Ladestart werden die Bauteile eine Stunde lang virtuell vortemperiert, um ein thermisches Gleichgewicht zu erlangen. Die Starttemperatur des MCS Kontaktstifts beträgt daher 30°C und die Temperatur der MCS Stromschiene 33°C.

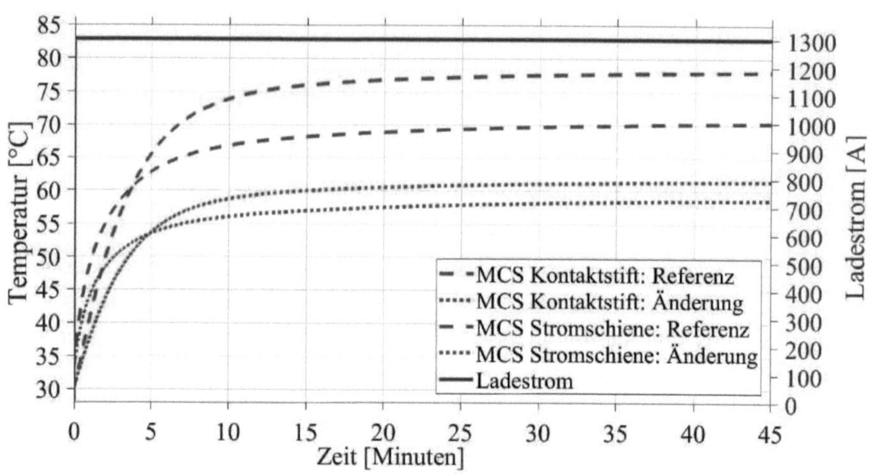

Abbildung 8-5: Stromschienen verbunden, 25°C Umgebung, 35°C Kühlung

In der Grafik sind die Temperaturverläufe des MCS Kontaktstifts und der MCS Stromschiene als Referenzen des Ausgangszustands aufgetragen. Zu erkennen ist der im Vergleich zur MCS Stromschiene flachere Temperaturanstieg des MCS Kontaktstifts in den ersten Minuten der Ladung. Dies ist trotz der geringeren thermischen Masse, die eine schnelle Erwärmung vermuten ließe, Gleichung 3.11, auf die aktive Kühlung des Ladesteckers der Ladestation zurückzuführen. Nach 12 Minuten beträgt die Temperatur am Kontaktstift in der Referenz circa 75°C und steigt anschließend auf 78°C. Die Endtemperatur der MCS Stromschiene beträgt 70°C.

Im Optimierungsansatz steigt die MCS Kontaktstifttemperatur merklich langsamer an und erreicht nach circa 12 Minuten bereits fast seine Endtemperatur von 61°C. Die Temperaturdifferenz beträgt 17K. Für die MCS Stromschiene beträgt die Endtemperatur circa 58°C und damit 12K weniger.

Die großen Temperaturunterschiede lassen sich auf den entfernten Kontaktwiderstand der Stromschienen zurückführen. Somit befindet sich auf dem Zwischenbereich keine weitere Wärmequelle, die die Bauteile erwärmt.

8.4.2 Kühlvolumenstrom erhöhen

Das Gehäuse der Sicherungsbox besitzt einen Kühlkanal, durch den eine Kühlflüssigkeit gepumpt werden kann. Die in dem MCS Kontaktstift entstehende Wärme wird an die MCS Kontaktschiene und die MCS Stromschiene geleitet, die ihrerseits über das Wärmeleitmaterial Wärme an das Gehäuse übertragen kann, Abbildung 8-4 (2). Dadurch besteht die Möglichkeit einen Teil der Wärme, die in das Gehäuse der Sicherungsbox eingeleitet wird, an die Flüssigkeit im Kühlkanal abzuführen.

Gleichung 3.18 zeigt mit zunehmendem Volumenstrom $\dot{V}$ der Kühlflüssigkeit einen entsprechenden Anstieg der Wärmeaufnahme. Da die Kühlflüssigkeit ihre aufgenommene Wärme außerhalb der Systemgrenzen der MCS Ladedose abgibt, Abbildung 8-2, wird durch die Menge des Volumenstroms die Wärmeaufnahme verändert.

Die Simulationsstartbedingungen sind wie zuvor auf eine Lufttemperatur von 25°C eingestellt. Die Eingangstemperatur der Kühlflüssigkeit in den Kühlkanal beträgt 35°C bei 5,5 l/min. Aufgrund der zwei unterschiedlichen vorgegebenen Temperaturen wird den Bauteilen der MCS Ladedose vor dem simulierten Ladevorgang Zeit gegeben, sich in ein thermisches Gleichgewicht einzufinden. In Abbildung 8-6 ist dies an der Starttemperatur des MCS Kontaktstifts von 30°C zu erkennen.

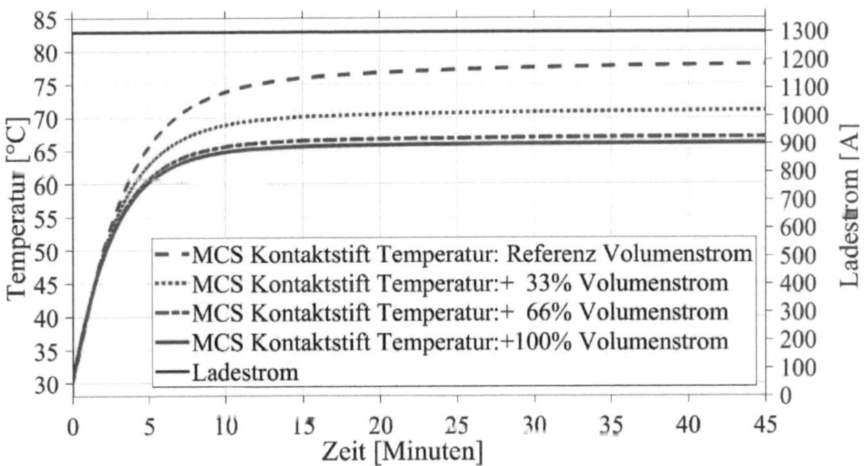

Abbildung 8-6:Änderung Volumenstrom, 25°C Umgebung, 35°C Kühlung

Der Temperaturverlauf am MCS Kontaktstift beim Referenzvolumenstrom zeigt innerhalb von 7 Minuten einen Anstieg auf über 70°C und steigt bis zum Ende der Simulation auf circa 78°C weiter an. Bei einer Volumenstromsteigerung um 33% werden 70°C erst nach 15 Minuten erreicht. Die Endtemperatur steigt bis zum Simulationsende um 1K weiter an. Dies ergibt eine 7K niedrigere Endtemperatur.

Die zwei nächsten simulierten Temperaturverläufe für den MCS Kontaktstift zeigen das Verhalten bei einer Volumenstromerhöhung um 66% und 100%. Der Anstieg der Temperaturverläufe ist in den ersten Minuten nach dem Start des simulierten Ladevorgangs ähnlich steil wie der der vorher beschriebenen Verläufe. Dies ergibt sich durch den noch großen Temperaturunterschied der Bauteile und der Wärmequellen. Daher ist der Wärmestrom $\dot{Q}$, nach Gleichung 3.12, innerhalb der Bauteile entsprechend groß und der Kühlvolumenstrom macht sich noch nicht bemerkbar. Die Temperaturen im Vergleich zur Referenz am Ende der Simulation betragen 67°C für die Volumenstromänderung von 66% und 1K weniger, wenn der Volumenstrom auf 100% erhöht wird. Die Temperaturänderung wird mit steigendem Volumenstrom immer kleiner. Bei 66% größerem Volumenstrom sind es 11K und bei 100% 12K.

Die Volumenstrombetrachtung kann losgelöst von den Herausforderungen gemacht werden, die sich bei der technischen Umsetzung ergeben. Ebenfalls kann auf die Berechnung von zum Teil komplexen, strömungsdynamischen Effekten verzichtet werden, da lediglich der Volumenstrom in der Simulation vorgegeben wird. Dadurch ergibt sich entsprechend des Kanalquerschnitts eine Strömungsgeschwindigkeit. Durch die Länge des Kühlkanals ist dies gleichbedeutend mit der Verweildauer eines jeden Flüssigkeitsmoleküls, um entlang des Kühlkanals Energie in Form von Wärme aufzunehmen.

Dem näherungsweise konstanten Wärmestrom der stromleitenden Bauteile steht mit zunehmender Strömungsgeschwindigkeit $\dot{V}$ eine größere Masse an Kühlflüssigkeit gegenüber. Dies führt folgerichtig zu einer niedrigeren Temperaturerwärmung der Kühlflüssigkeit, Gleichung 8.1.

$$\dot{Q}_{\text{Bauteil}} = \dot{Q}_{\text{Fluid}} = \dot{V}(\uparrow) \cdot \varrho \cdot c \cdot dT(\downarrow) \qquad\qquad \text{Gl. 8.1}$$

8.4.3 Wärmeleitmaterial ändern

In der abschließenden Untersuchung der MCS Ladedose wird die Auswirkung durch eine größere Wärmeleitung als Optimierungspotential auf den Temperaturverlauf des MCS Kontaktstifts und der MCS Stromschiene untersucht. Dazu wird die materialspezifische Wärmeleitfähigkeit λ des Wärmeleitmaterials zwischen MCS Stromschiene und Gehäuse der Sicherungsbox geändert, Abbildung 8-4 (3).

Das Wärmeleitmaterial besteht hauptsächlich aus einem niederviskosen Silikon [171], das für die elektrisch isolierende Eigenschaft des Wärmeleitmaterials verantwortlich ist. Die thermische Leitfähigkeit kann durch die Zugabe von Keramikpulver wie Aluminiumoxid verändert werden, das allerdings auch den Materialpreis erhöht [172].

Für die Untersuchung des Optimierungspotentials wird als Referenz das Wärmeleitmaterial mit einer materialspezifischen Wärmeleitfähigkeit λ von $4 \frac{W}{m \cdot K}$ verwendet. Die zwei Alternativen besitzen eine materialspezifische Wärmeleitfähigkeit von $6 \frac{W}{m \cdot K}$ beziehungsweise $8 \frac{W}{m \cdot K}$.

Durch die erhöhte materialspezifische Wärmeleitfähigkeit λ des Wärmeleitmaterials reduziert sich der thermische Widerstand, Gleichung 3.13. Dies erhöht wiederum den übertragbaren Wärmestrom $\dot{Q}_{Konduktion}$, laut Gleichung 3.14.

Auch für die Analyse der unterschiedlichen Wärmeleitmaterialien wurden die gleichen Randbedingungen gewählt wie für die zwei vorherigen Simulationen. Die Umgebungsluft beträgt konstant 25°C und die Kühlmitteltemperatur 35°C bei 5,5 l/min am Kühlkanaleingang. Der Ladestrom wird für 45 Minuten konstant gehalten.

Bevor die eigentliche Untersuchung zum Temperaturverhalten des virtuellen Ladevorgangs stattfindet, wird den Bauteilen vor dem Start der Temperaturaufzeichnung die Zeit gegeben ein thermisches Gleichgewicht mit den Startbedingungen zu finden. Daher beträgt auch hier die Starttemperatur des MCS Kontaktstifts 30°C und die Temperatur der MCS Stromschiene 33°C.

In der Abbildung 8-7 für die Untersuchung des Wärmeleitmaterials ist ein ähnlicher Verlauf zu erkennen wie in Abbildung 8-5 bei der Untersuchung des entfernten Kontaktwiderstands, aus Kapitel 8.4.1. Innerhalb der ersten zwei

Minuten des Ladevorgangs kann die entstehende Wärme noch ausreichend durch die kühle thermische Masse der Bauteile aufgenommen werden. Daher ist die Auswirkung der unterschiedlichen Wärmeleitfähigkeiten der Wärmeleitmaterialen noch nicht klar erkennbar.

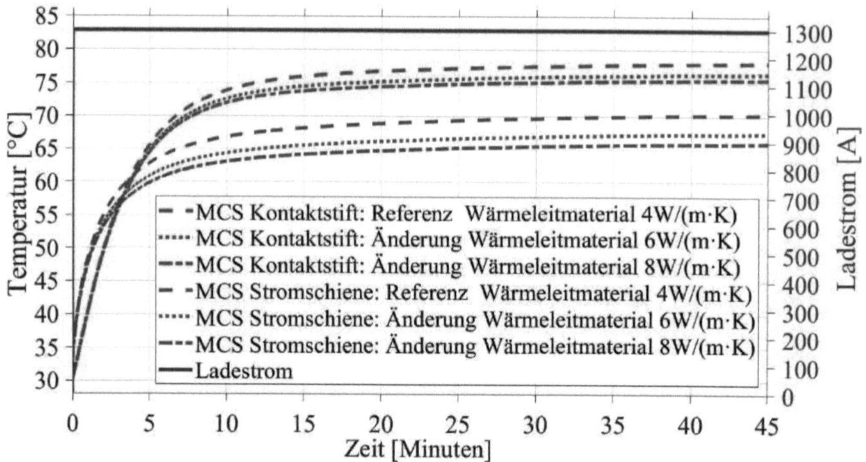

Abbildung 8-7: Wärmeleitmaterial ändern: 25°C Umgebung, 35°C Kühlung

Nach circa 3 Minuten ist an der Temperaturentwicklung der MCS Stromschiene ein erster Unterschied zwischen der Referenz und dem Wärmeleitmaterial mit der Wärmeleitfähigkeit von $6\,\frac{W}{m\cdot K}$, zu erkennen. Im weiteren Zeitverlauf wird dieser Unterschied größer, da sich am Ende der Simulation für die MCS Stromschiene mit dem Referenzwärmeleitmaterial eine Temperatur von 70°C einstellt. Für das Wärmeleitmaterial mit der Wärmeleitfähigkeit von $6\,\frac{W}{m\cdot K}$ beträgt diese 67°C und 66°C für das Wärmeleitmaterial mit der Wärmeleitfähigkeit von $8\,\frac{W}{m\cdot K}$.

Der Effekt auf die Temperatur am MCS Kontaktstift fällt aufgrund der größeren Entfernung zum wärmeabführenden Kühlkanal kleiner aus. Für das Wärmeleitmaterial mit einer Wärmeleitfähigkeit von $4\,\frac{W}{m\cdot K}$ beträgt die Endtemperatur 78°C. Bei der Wärmeleitfähigkeit von $6\,\frac{W}{m\cdot K}$ stellen sich 76°C ein und bei der Wärmeleitfähigkeit von $8\,\frac{W}{m\cdot K}$ 75°C.

9 Ladekomponente: Sicherungsbox

In dem folgenden Unterkapitel 9.1 wird die Funktion und der Aufbau der Sicherungsbox beschrieben. Der thermische Simulationsaufbau beschreibt anschließend die Zusammenhänge, die als Grundlage für die thermische Simulation dienen. Das darauffolgende Kapitel 9.3 der Simulationsvalidierung zeigt das realitätsnahe Verhalten der Simulation anhand der Übereinstimmung von realen Messungen. Das validierte Simulationsmodell wird anschließend für die Untersuchung von verschiedenen Optimierungsansätzen an der Sicherungsbox verwendet [168].

9.1 Funktion und Aufbau: Sicherungsbox

Die Sicherungsbox bündelt den Strom, der beim Laden entweder über die CCS Ladedose oder die MCS Ladedose eingespeist wird, Abbildung 9-1.

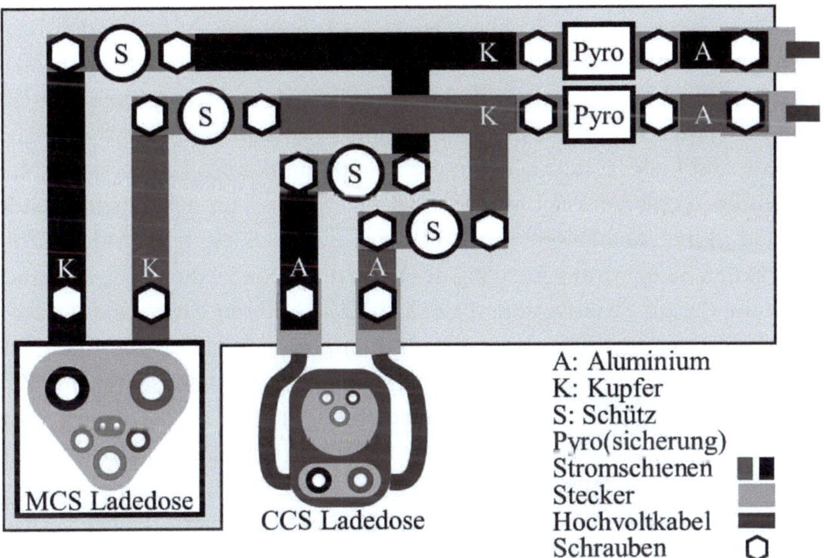

Abbildung 9-1: Aufbau der Sicherungsbox

© Der/die Autor(en), exklusiv lizenziert an
Springer Fachmedien Wiesbaden GmbH, ein Teil von Springer Nature 2026
J. Krings, *Thermische Simulation des elektrischen Ladepfads bei Elektro-Nutzfahrzeugen*, Wissenschaftliche Reihe Fahrzeugtechnik Universität Stuttgart, https://doi.org/10.1007/978-3-658-51550-8_9

Die MCS Ladedose ist mit den MCS Kontaktschienen im Inneren der Sicherungsbox kontaktiert. Da aufgrund der höheren Ladeströme beim MCS Laden große Leitungsquerschnitte erforderlich und kurze Leitungswege vorteilhaft sind, wird hier die direkte Anbindung über eine Verschraubung mit den MCS Stromschienen gewählt, vergleiche Kapitel 8.4.1.

Die CCS Ladedose hingegen ist über Hochvoltkabel mit den Steckern der Sicherungsbox verbunden. Die flexible Positionierungsmöglichkeit der CCS Ladedose durch das Kabel bietet den Vorteil der leichteren Anpassung an andere Fahrzeugspezifikationen.

Neben Kontaktierungsstellen für die Ladedosen besitzt die Sicherungsbox sowohl für den positiven als auch negativen Strompfad Pyrosicherungen und Schütze, die elektrisch in Reihe geschaltet sind. Die Pyrosicherungen können im Falle eines Kurzschlusses während des Ladevorgangs den Ladepfad einmalig innerhalb kürzester Zeit unterbrechen.

Zusätzlich übernimmt die Sicherungsbox auch noch die Aufgabe, den Ladevorgang zu überwachen und zu regeln. Sobald ein Ladestecker gesteckt wird, wird dieser mechanisch verriegelt, um ein unbeabsichtigtes Entfernen des Steckers zu vermeiden. Anschließend beginnt die Kommunikation zwischen Fahrzeug und Ladesäule. Nachdem die Kompatibilität des Ladesystems überprüft wurde, werden die elektromechanischen Schütze für den entsprechenden Ladepfad aktiv geschlossen. Dadurch wird eine elektrisch leitende Verbindung mit den Steckern am Ausgang der Sicherungsbox zu den Hochvoltkabeln hergestellt, die zur Stromverteilerbox (Kapitel 10) führen. Stufenweise werden die Ladespannung und der Ladestrom erhöht, bis schließlich die eigentliche Ladeleistung für den Hauptladevorgang der Batterie abgerufen wird. Zum Ende des Ladevorgangs wird die Ladeleistung wieder heruntergefahren und die Schütze bewegen sich in ihre geöffnete Ausgangsposition zurück. Danach ist die Ladedose wieder spannungsfrei, der Ladestecker wird wieder freigegeben und kann entfernt werden. Die andere Ladedose kann erst danach verwendet werden [173].

Wie in Kapitel 8 „Ladekomponente: MCS Ladedose" beschrieben, sind die stromleitenden Bauteile durch Wärmeleitmaterial mit dem flüssigkeitsgekühlten Gehäuse der Sicherungsbox verbunden. Dazu zählen auch die Sicherungselemente, Schütz und Pyrosicherung.

Die in Abbildung 9-1 gezeigten Stromschienen der Sicherungsbox bestehen aus zwei verschiedenen Materialen. Die MCS Stromschienen und die der Schütze von beiden Ladedosen bestehen aus Kupfer. Die Stromschienen der CCS Ladedose und die Schienen zwischen Pyrosicherungen und den Steckern am Stromausgang der Sicherungsbox sind aus Aluminium gefertigt. Diese Entscheidung wurde aufgrund des circa viermal niedrigeren Materialpreis von Aluminium gegenüber Kupfer getroffen [174]. Nachteilig ist allerdings der höhere spezifische elektrische Widerstand von 0,028 $\frac{\Omega \cdot mm^2}{m}$ [175] gegenüber Kupfer mit 0,018 $\frac{\Omega \cdot mm^2}{m}$ [176]. Der Materialmix der Stromschienen dient als Ausgangsbasis für die spätere Untersuchung der Optimierungspotentiale.

Eine Detailansicht auf die Ausgangsstecker für die Hochvoltkabel gibt Abbildung 9-2. Der Blick in das Innere der Sicherungsbox zeigt, wie die Plus und Minus Stromschienen mit den Steckern verbunden sind. An den Steckern befinden sich Temperatursensoren, mit denen in Versuchen die Temperaturverläufe aufgezeichnet wurden. Im späteren Verlauf dienen diese Stellen als Referenzpunkte zur Beurteilung der Optimierungsansätze durch die Simulationen.

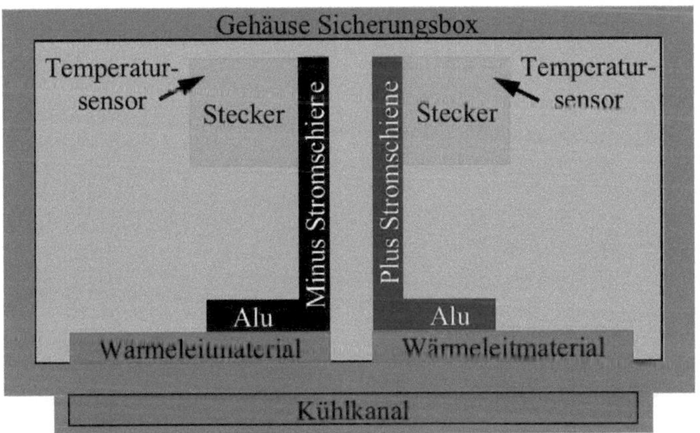

Abbildung 9-2: Detailansicht: Ausgangsstecker der Sicherungsbox

Wie beim Aufbau der MCS Ladedose sind auch hier die Stromschienen über ein Wärmeleitmaterial elektrisch isoliert, aber thermisch leitend mit dem Gehäuse der Sicherungsbox verbunden. Über den Kühlkanal kann Wärme von den Stromschienen und den Sicherungselementen aus der Sicherungsbox ausgeleitet werden.

9.2   Thermischer Simulationsaufbau: Sicherungsbox

Für den Aufbau des thermischen Simulationsmodells der Sicherungsbox müssen für jedes Bauteil die thermischen Übertragungswege von Konduktion, Konvektion und Radiation einzeln bestimmt und in der Simulation abgebildet werden. Dazu gehört auch die Kopplung der Wärmeübertragungswege untereinander und die Wechselwirkung mit der Umgebung. Der Aufbau erfolgt, wie in Kapitel 4.3 „Modellbildung für elektrothermische Simulation" beschrieben, anhand des ZVEI Leitfadens. Anschließend erfolgt eine Übertragung des Modellaufbaus in Matlab beziehungsweise Simscape.

In Abbildung 9-3 sind die thermischen Zusammenhänge der Sicherungsboxbauteile aufgezeigt. Einfachheitshalber ist hier exemplarisch nur der negative MCS Ladepfad dargestellt. Für jedes Bauteil sind die entsprechenden Wärmequellen sowie die Wärmeübertragungseffekte, Konduktion, Konvektion und Radiation eingezeichnet. Anhang A4 zeigt weitere Details.

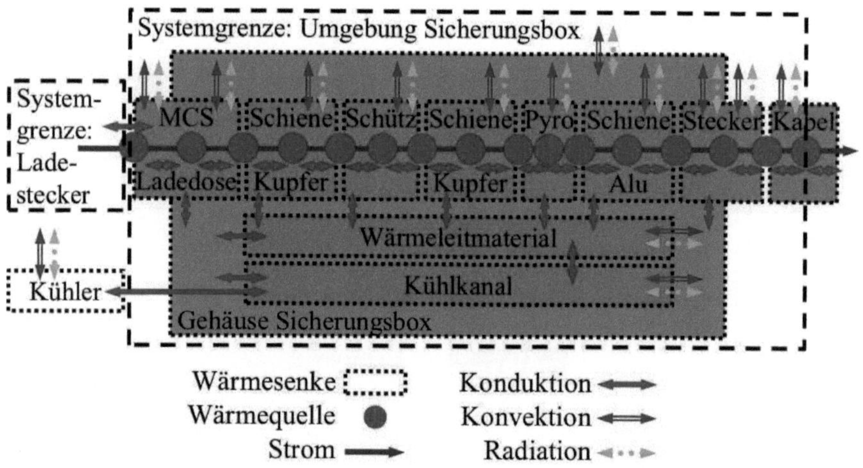

Abbildung 9-3: Thermischer Simulationsaufbau: Sicherungsbox, MCS Pfad

In der Simulation sind alle Bauteile und Ladepfade der Sicherungsbox hinterlegt und verknüpft. Je nach gewünschtem Simulationsszenario kann der Ladestrom entweder über den CCS oder MCS Ladepfad fließen, um das Temperaturverhalten zu untersuchen. Der jeweils passive Ladepfad dient dann durch die Bauteile als thermische Masse.

9.3 Simulationsvalidierung mit Messung: Sicherungsbox

Die Validierung des Simulationsmodells der Sicherungsbox wird an der Stromausgangsseite durchgeführt. Die Plus und Minus Stecker für die Hochvoltkabel dienen dabei als Temperaturbezugspunkte.

In der Kalibrierungsphase des Simulationsmodells wurde im Vorfeld die Abstimmung der Simulationsparameter bei 25°C Umgebungstemperatur durchgeführt und die simulierten Werte wurden an die realen Messungen angeglichen. Im nächsten Schritt werden die Temperaturverläufe der Simulation unter neuen Randbedingungen vorhergesagt und anschließend wird die Qualität der Ergebnisse mit den Messungen aus realen Tests verglichen.

Für die Validierung beträgt die Umgebungstemperatur 50°C und der Ladestrom wird für 105 Minuten auf konstant 1300A gehalten. Danach erfolgt eine Reduzierung des Ladestroms auf 1000A. Durch den reduzierten Ladestrom am Ende des Tests kann das Abkühlverhalten zusätzlich bewertet werden. Auch wenn der Fokus der Simulation auf einer möglichst guten Abbildung des Erwärmungsverhaltens liegt, gibt das darauffolgende Abkühlverhalten einen tieferen Einblick in die detailgetreue Abbildung des Simulationsmodells.

Der Kühlvolumenstrom beträgt 5,5 l/min und die Temperatur der Kühlflüssigkeit liegt bei 35°C an der Eingangsseite. Für die weitergehenden Untersuchungen der Optimierungspotentiale bleiben die Werte für die Flüssigkeitskühlung unverändert.

Aufgrund des Temperaturunterschieds zwischen Umgebungsluft und Kühlflüssigkeit wird den Bauteilen sowohl in den realen Tests als auch in der Simulation Zeit gegeben, sich in ein thermisches Gleichgewicht einzufinden. Durch die Vortemperierung ergeben sich zu Beginn der Aufzeichnung der realen Tests und in den simulierten Temperaturverläufen ein von der Umgebungstemperatur abweichender Temperaturwert.

Abbildung 9-4 stellt die vorhergesagten Simulationsergebnisse (gestrichelte Linien) den gemessenen Temperaturverläufen gegenüber. Aufgezeigt ist jeweils der Temperaturverlauf für die Stecker am Ausgang der Sicherungsbox für beide Polaritäten [177].

Die Starttemperatur der Stecker am Ausgang beträgt 38°C und steigt in den ersten 10 Minuten auf circa 70°C an. Dabei ist der Verlauf der Simulation mit dem Verlauf der Messungen fast deckungsgleich. Dies trifft insbesondere für den Temperaturverlauf des positiven Steckers zu. Hier ergibt sich eine Endtemperatur von 98°C nach 105 Minuten Ladezeit. Die Endtemperatur des negativen Steckers ist mit einer Temperaturdifferenz von 2K geringfügig tiefer.

Beim Herabsetzen des Ladestroms auf 1000A geben die simulierten Temperaturverläufe den realen Verlauf ebenfalls sehr gut wieder. Die Simulation beschreibt in den ersten Minuten einen etwas schnelleren Temperaturabfall. Die Temperaturdifferenz zum Ende des Versuchs beträgt circa 1,5K.

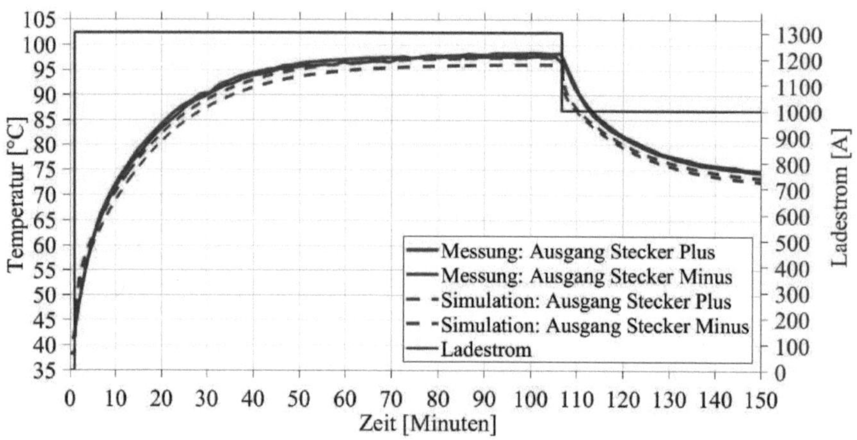

Abbildung 9-4: Validierung: Sicherungsbox, 50°C Umgebung, 35°C Kühlung

Der realitätsnahe Temperaturverlauf der Sicherungsbox durch die Simulation im Bereich der Stecker zeigt in der Validierung mit den Ergebnissen der Messungen eine sehr gute Übereinstimmung. Durch die erfolgreiche Validierung der Simulation können mit dem thermischen Modell die anschließenden Untersuchungen zur Optimierung der Sicherungsbox durchgeführt werden.

9.4 Optimierung: Sicherungsbox

Ein zentrales Bauteil der Sicherungsbox ist die MCS Ladedose, die bereits in Kapitel 8 beschrieben wurde. Daher konzentriert sich die Untersuchung von weiteren Optimierungsansätzen an der Sicherungsbox auf die Stromausgangsseite mit ihren Steckern, über die die Hochvoltkabel den Strom an die nächste Komponente weiterleiten.

Die Optimierungsansätze verfolgen erneut den Ansatz zunächst die Wärmeentstehung zu reduzieren, die Aufnahme von unvermeidlicher Wärme zu vergrößern oder die entstehende Wärme besser weiterzuleiten. Für jedes dieser Prinzipien wird ein konkreter Optimierungsansatz gesucht, der sich von den vorherigen Ansätzen der anderen Ladekomponenten unterscheidet.

In Anlehnung an die Detailansicht der Ausgangsseite für die Stecker, Abbildung 9-2, zeigt Abbildung 9-5 die drei Optimierungsansätze.

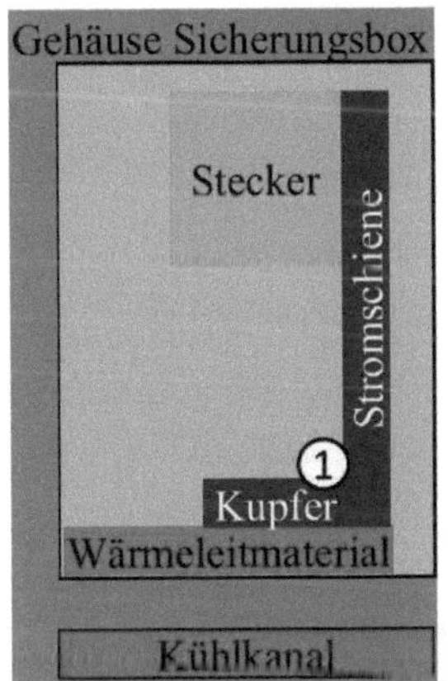

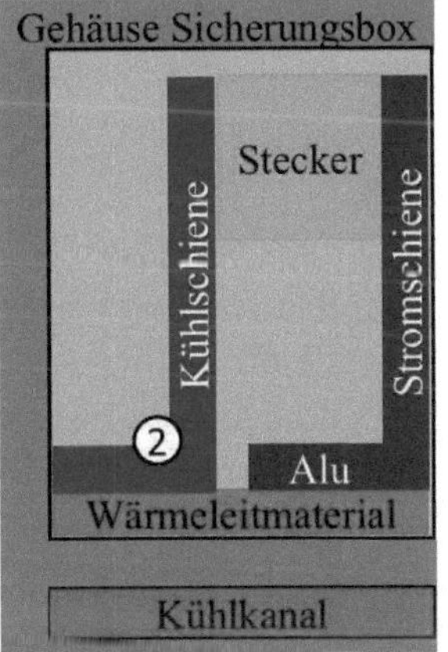

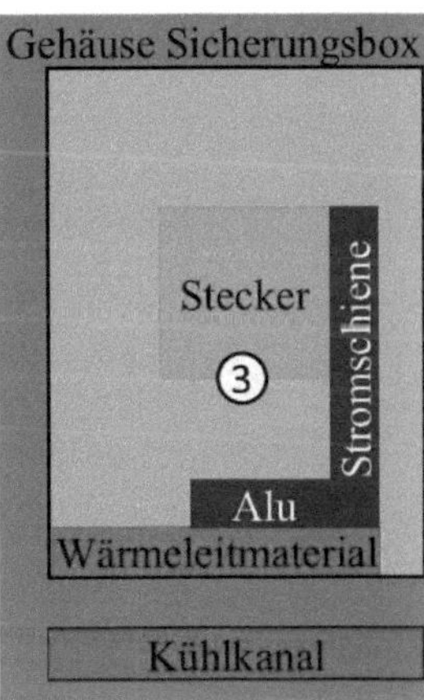

Abbildung 9-5: Optimierungsansätze an Steckern der Sicherungsbox

Der erste Optimierungsansatz untersucht die Auswirkung, die das Material der Stromschienen auf die Temperaturentwicklung am Stecker hat. Wie in Abbildung 9-1 markiert, sind die Schienen zwischen den Pyrosicherungen und den Steckern aus Aluminium gefertigt. Untersucht wird daher, welchen Effekt Stromschienen aus Kupfer auf die Temperatur an den Steckern

haben, Abbildung 9-5 (1). Dazu werden die Stromschienen von beiden Polaritäten verändert.

Für den zweiten Optimierungsansatz erhalten die Stromschienen wieder die Materialparameter für Aluminium wie in dem Referenzmodell. Allerdings werden die Stecker mit Kühlschienen ausgestattet, die an der freien Seite der Stecker befestigt werden, Abbildung 9-5 (2). Die Kühlschienen reichen dabei bis zum Wärmeleitmaterial am Gehäuseboden der Sicherungsbox. Die Kühlschienen erhöhen die thermische Masse und damit die Wärmeaufnahme.

Für diesen Optimierungsansatz wird die Auswirkung von Kühlschienen aus Aluminium und Kupfer auf den Temperaturverlauf der Stecker mit der Referenz ohne Kühlschienen verglichen.

Der dritte Ansatz verfolgt das Prinzip, die Wärmeleitung zu verbessern. Daher wird untersucht, wie sich eine kürzere Länge der stromführenden Aluminiumschiene zum Stecker auf die Temperaturentwicklung auswirkt. Im konkreten Fall wird der Stecker an der Ausgangsseite der Sicherungsbox um 20% tiefer gesetzt, Abbildung 9-5 (3).

9.4.1   Material Stromschiene

In Kapitel 9.1 „Funktion und Aufbau: Sicherungsbox" wurden die verschiedenen Stromschienen vorgestellt, die die Bauteile innerhalb der Sicherungsbox miteinander verbinden. Als Material für die Stromschienen kommen sowohl Aluminium als auch Kupfer zum Einsatz. Die Motivation für den Einsatz von unterschiedlichen Materialen in der Referenzversion basiert auf einem einfachen Vergleich des Materialpreises von Kupfer und Aluminium und weniger auf technischen Untersuchungen. Durch das Simulationsmodell der Sicherungsbox lassen sich nun die Einflüsse auf das thermische Verhalten der Bauteile bestimmen. Die Joule'sche Erwärmung, Gleichung 3.15, zeigt einen linearen Zusammenhang des elektrischen Widerstands und einen quadratischen Zusammenhang mit dem Strom. Der niedrigere spezifische elektrische Widerstand von Kupfer gegenüber Aluminium führt zu einer geringeren Erwärmung. Aufgrund des quadratischen Zusammenhangs ist beim CCS Laden mit maximal 500A die zu erwartende Joule'sche Erwärmung geringer als beim MCS Laden mit 1300A. Daher wird in diesem Bereich Aluminium verwendet. Im

Bereich zwischen den Pyrosicherungen und den Steckern wird ebenfalls Aluminium eingesetzt. Gleichung 3.2 zeigt aufgrund der geringen Stromschienenlänge nur einen niedrigen Widerstandsanstieg, der nur einen kleinen Effekt auf das Gesamtergebnis hat. Die anderen Stromschienen aus dem MCS Ladepfad sind aus Kupfer gefertigt. Der Materialmix aus den Stromschienen ist die Referenz und dient als Ausgangsbasis für die Untersuchung der Optimierungspotentiale.

Aufgrund des geringeren spezifischen elektrischen Materialwiderstands von Kupfer gegenüber Aluminium ist in dem Verbesserungsansatz eine geringere Wärmeentwicklung zu erwarten, Gleichung 3.15 Joule'sche Erwärmung. Für die Untersuchung wird daher in dem Bereich zwischen Pyrosicherung und Steckern Kupfer statt Aluminium verwendet, Abbildung 9-5 (1). Als Temperaturreferenz dient dabei die Temperaturentwicklung am Stecker.

Die Startumgebungsbedingung der Simulation betragen 25°C für die Umgebungsluft. In Kombination mit der Kühlflüssigkeitstemperatur von 35°C bei 5,5 l/min werden die Bauteile der Sicherungsbox eine ausreichende Zeit vortemperiert. Dadurch können sich die Bauteile in ein thermisches Gleichgewicht einfinden. In Abbildung 9-6 ist dies an den Anfangstemperaturen vor dem Beginn des simulierten Ladevorgangs zu erkennen. Die Temperatur am Stecker beträgt für beide Stromschienenmaterialien 32°C.

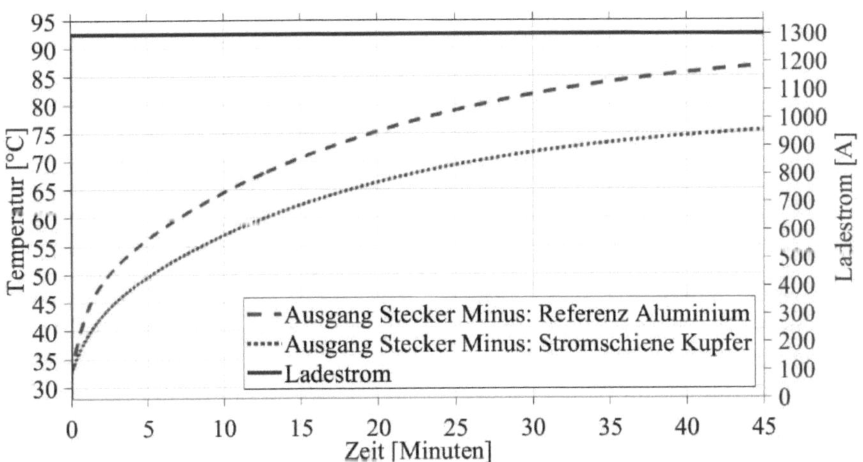

Abbildung 9-6: Material Stromschiene, 25°C Umgebung, 35°C Kühlung

Der eigentliche Ladevorgang wird mit einem konstanten Strom von 1300A über den MCS Ladepfad durchgeführt. Die Temperatur am Stecker der Ausgangsseite der Sicherungsbox steigt daraufhin innerhalb von circa 10 Minuten auf 65°C an. Weitere 10 Minuten später ist eine Temperatur von 75°C erreicht. Die Temperatur zum Ende der Versuchssimulation nach 45 Minuten beträgt 87°C, wobei noch kein stationäres Temperaturverhalten erreicht wird.

Beim Einsatz von Kupfer als Material für die Stromschiene des Steckers ist ein insgesamt niedrigerer Temperaturanstieg zu erkennen. In einem vergleichbaren Zeitraum von 10 Minuten erwärmt sich der Stecker um 57°C. Nach 20 Minuten beträgt die Temperatur 66°C. Bis zum Versuchsende bei Minute 45 ist eine Temperatur von circa 75°C erreicht. Der Verlauf bis dahin hat sich stark abgeflacht und ist in der Nähe eines stationären Endwerts angelangt.

Der Temperaturunterschied zwischen beiden Materialien liegt unter den gewählten Simulationsbedingungen bei mindestens 12K. Der Grund liegt in dem geringeren spezifischen elektrischen Widerstand von Kupfer im Vergleich zu Aluminium. Außerdem besitzt Kupfer eine größere spezifische Wärmeleitfähigkeit mit circa $390 \frac{W}{m \cdot K}$ [176] gegenüber Aluminium mit circa $200 \frac{W}{m \cdot K}$ [175].

Da bei der Untersuchung des Optimierungspotentials darauf geachtet wird, eine Verbesserung aufzuzeigen, die möglichst wenig Eingriffe in die bestehende Konstruktion mit sich bringt, besitzt der Leitungsquerschnitt die gleichen Abmessungen. Daher ist auch die Bauteilmasse der Stromschiene aus Aluminium geringer, da die Dichte des Materials $2{,}7 \frac{g}{cm^3}$ [175], [176] beträgt. Die Dichte von Kupfer hingegen beträgt $8{,}93 \frac{g}{cm^3}$ [176].

Auch wenn die spezifische Wärmekapazität c von Aluminium bei $896 \frac{J}{kg \cdot K}$ liegt [175] und die spezifische Wärmekapazität von Kupfer bei $386 \frac{J}{kg \cdot K}$ [176], so ergibt sich aus der Multiplikation der Dichte und der spezifischen Wärmekapazität bei gleichbleibendem Volumen ein Faktor, der entsprechend die thermische Kapazität C_{th} in Gleichung 3.11 verändert. Der Faktor beträgt für Aluminium $2{,}7 \cdot 896 = 2419$ und für Kupfer $8{,}93 \cdot 386 = 3447$. Entsprechend dieser Werte stellt sich bei vorgegebener Temperaturdifferenz ein größerer Wärmestrom $\dot{Q}$ laut Gleichung 3.12 für Kupfer ein. Dies erklärt den niedrigeren Temperaturanstieg des Steckers bei der Stromschiene aus Kupfer.

9.4.2 Zusätzliche Kühlschiene

Im vorherigen Kapitel wurde die Temperaturentwicklung an den Steckern der Ausgangsseite der Sicherungsbox durch den Einsatz von Stromschienen aus Kupfer, mit dem Fokus die Wärmeentstehung zu reduzieren, diskutiert.

In diesem Kapitel wird der Optimierungsansatz gewählt, mehr von der am Stecker entstehenden Wärme aufzunehmen. Der Optimierungsansatz besteht darin, an den Kontaktflächen der Stecker zusätzliche thermische Masse zu installieren. Die thermische Masse ist durch jeweils eine Kühlschiene pro Stecker modelliert, die der Form der stromleitenden Schienen ähnelt. In Abbildung 9-5 (2) ist der Optimierungsansatz visualisiert.

Um die Vergleichbarkeit mit dem Referenzmodell zu gewährleisten, besteht die Stromschiene wieder aus Aluminium, so wie im realen Bauteil. Für die Kühlschienen werden Aluminium und Kupfer verwendet. Im Gegensatz zu den Stromschienen leiten die Kühlschienen keinen Strom. Allerdings liegt an den Kühlschienen Spannung an, da sie direkt mit den Steckern verbunden sind. Daher können die Kühlschienen nicht direkt auf dem flüssigkeitsgekühlten Gehäuseboden der Sicherungsbox aufliegen, sondern müssen durch das Wärmeleitmaterial elektrisch isoliert vom Gehäuse verbaut werden.

Für die Simulation erhalten beide Kontakte der Stecker an der Ausgangsseite der Sicherungsbox eine Kühlschiene. Im ersten Versuch werden die Materialparameter der Kühlschienen auf Aluminium eingestellt. Im zweiten Versuch wechseln die Simulationsparameter der Kühlschiene auf Kupfer.

Wie auch bei den vorherigen Simulationen beträgt der Ladestrom auf dem MCS Ladepfad konstant 1300A und die Umgebungstemperatur der Luft beträgt 25°C. Der Kühlkanal hat an der Eingangsseite eine Kühlflüssigkeitstemperatur von 35°C bei 5,5 l/min. Damit sich die Bauteile der Sicherungsbox vor Simulationsbeginn entsprechend der unterschiedlichen Temperaturen in ein thermisches Gleichgewicht einfinden können, wird vor dem Start des Ladestroms das Modell eine Stunde lang virtuell ohne Ladestrom vortemperiert. An den Kühlschienen stellt sich somit eine Temperatur von 33°C ein.

Der anfängliche Temperaturverlauf am Stecker im Referenzzustand ist fast deckungsgleich mit den Temperaturverläufen der Optimierungsansätze mit den Kühlschienen, Abbildung 9-7. Der Effekt der zusätzlichen thermischen Masse der Kühlschienen und die bessere Wärmeabfuhr ist erst nach 7 Minuten zu erkennen. Die Temperaturzunahme an den Steckern mit den Kühlschienen flacht zunehmend ab. In der Version der Kühlschiene aus Aluminium nähert sich die Temperatur am Stecker 78°C an. Die Endtemperatur der Kühlschiene aus Kupfer liegt circa 2K tiefer. Damit beträgt die Temperaturdifferenz zu der Referenzversion 11K. Mit 87°C hat sie allerdings zum Simulationsende noch nicht ganz ihren stationären Endwert erreicht.

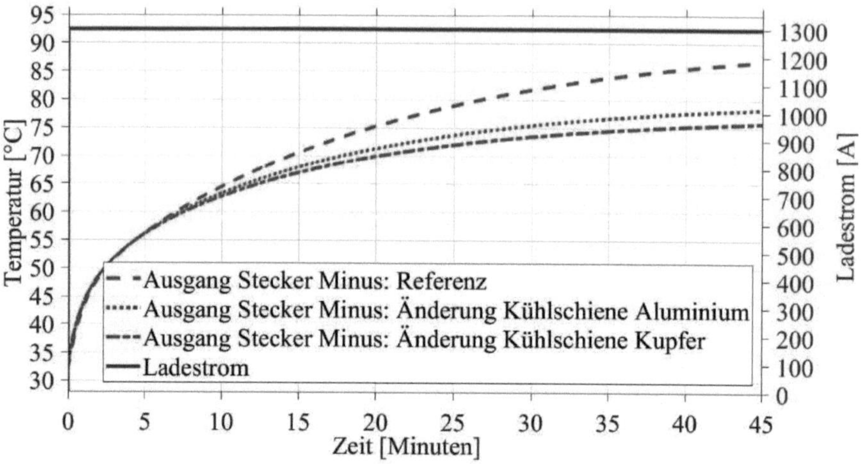

Abbildung 9-7:Kühlschienen: Alu / Kupfer, 25°C Umgebung, 35°C Kühlung

Die Kühlschienen führen zu einer klar erkennbaren Absenkung der Temperatur an den Steckern der Sicherungsbox der Ausgangsseite. Die Version aus Kupfer reduziert dabei die Temperatur im Vergleich zu Aluminium noch um einige Kelvin zusätzlich. Die an den Steckern entstehende Wärme kann von den Kühlschienen in beiden Materialversionen dazu beitragen, die Wärme besser aufzunehmen. Gleichzeitig ist durch die thermische Anbindung über die Wärmeleitpaste eine bessere Übertragung auf die Kühlflüssigkeit möglich.

Der Fokus des zweiten Optimierungsansatzes lag auf dem Lösungsansatz, die entstehende Wärme aufzunehmen. Dies wurde durch den zusätzlichen Einsatz von thermischer Masse in Form von Kühlschienen erreicht.

9.4.3 Steckerausgang tiefer setzen

Mit dem Optimierungsansatz, die Wärmeleitung zu erhöhen, wird die dritte Maßnahme diskutiert, um die Temperatur am Stecker der Sicherungsbox zu verringern. Ziel ist es auch hier wieder, die bestehende Bauteilgeometrie möglichst wenig zu beeinflussen, um eine umsetzbare Lösung aufzeigen zu können.

Der Optimierungsansatz verfolgt den Ansatz, nach Gleichung 3.13, über die Länge l den thermischen Widerstand der Stromschienen, die zu den Steckern führen, zu reduzieren. Im konkreten Fall der Sicherungsbox kann der Stecker um 20% tiefer gesetzt werden, ohne die Funktionalität zu beeinträchtigen. Eine Skizze des Optimierungspotentials ist in Abbildung 9-5 dargestellt. Die Abbildung ist dabei nicht maßstabsgetreu.

Als Referenzmodell wird weiterhin die Sicherungsbox verwendet, die in Abbildung 9-1 gezeigt ist. Die Stromschiene des Steckers ist auch in der tiefer gesetzten Version des Steckers aus Aluminium. Für den simulierten Ladepfad wird der Strom über die MCS Ladedose und deren Stromschienen eingeleitet. Der Ladestrom beträgt konstant 1300A. Die Sicherungsbox befindet sich in einer Umgebungsluft bei 25°C und die Kühlflüssigkeit besitzt eine Temperatur von 35°C bei 5,5 l/min an der Kühlkanaleingangsseite. Damit sich die Ladekomponenten in ein thermisches Gleichgewicht einfinden können, wird auch in dieser Simulation vor dem eigentlichen Ladestart die Sicherungsbox vortemperiert. Die Starttemperatur der Stecker stellen sich bei 33°C ein.

Der Vergleich des Temperaturverlaufs am Stecker der Referenzversion mit der Version des nun um 20% tiefer gesetzten Steckers ist in Abbildung 9-8 dargestellt. Die Endtemperatur der Referenzversion beträgt nach 45 Minuten simuliertem Ladevorgang 87°C.

Der Temperaturverlauf des Optimierungsansatzes zeigt ebenfalls einen degressiven Verlauf wie die Referenzversion und erreicht nach 45 Minuten eine Temperatur von 84°C. Die Differenz zwischen den Temperaturen an den Steckern beträgt somit 3K.

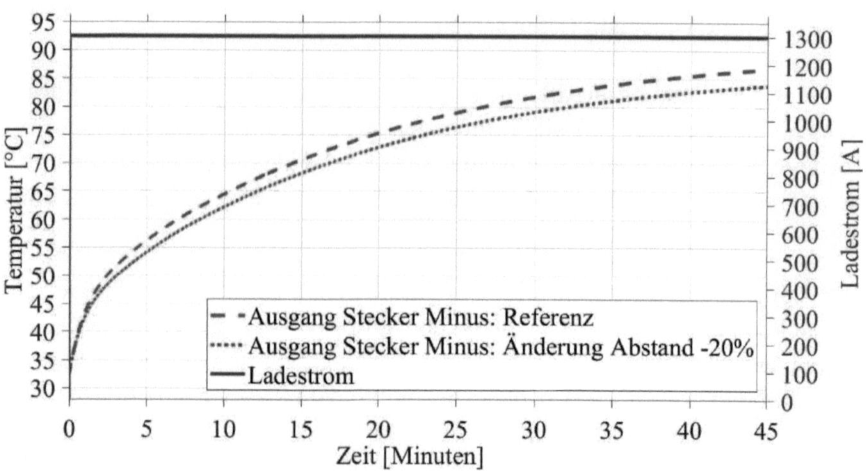

Abbildung 9-8: Stecker 20% tiefer setzen, 25°C Umgebung, 35°C Kühlung

Die Simulation zeigt schon bei kleinen Längenänderungen der Stromschiene für den Stecker eine positive Auswirkung auf die Temperaturentwicklung. Das vorrangige Ziel, die Wärmeleitung zu verbessern, hat sich somit durch den Optimierungsansatz bestätigt.

Zusätzlich zur Reduktion des thermischen Widerstands ist durch die kürzere Länge der Stromschiene auch der elektrische Widerstand reduziert worden, Gleichung 3.2. Anhand der Gleichung 3.15 zur Joule'schen Erwärmung ergibt sich dadurch eine geringere Wärmeentwicklung. Außerdem wird während des Ladens etwas weniger elektrische Energie in Wärme gewandelt. Dies ist gleichbedeutend mit einer Steigerung der Ladeeffizienz. Auch wenn die Reduzierung der Stromschienenlänge nur gering ausfällt, wird dadurch faktisch weniger Material benötigt. Die Verkürzung der Stromschienenlänge ist in mehrfacher Hinsicht von Vorteil.

Durch die einfache Umsetzbarkeit des Optimierungsansatzes und die vielzähligen, positiven Auswirkungen eignet sich dieser Ansatz auch für die Umsetzung an diversen anderen Stellen der Ladekomponenten.

10 Ladekomponente: Stromverteilerbox

Als viertes Bauteil des Ladepfads wird die Stromverteilerbox in ihrer Funktion und ihrem Aufbau vorgestellt. Im Unterkapitel 10.2 werden die einzelnen Bauteile mit ihren thermischen Zusammenhängen aufgezeigt, die die Grundlage für die Erstellung der Simulation bilden. Anschließend wird die Simulationsvalidierung vorgestellt, bei der die vorhergesagten Temperaturverläufe aus der Simulation den Temperaturverläufen aus realen Messungen gegenübergestellt werden. Auch für die Stromverteilerbox werden anhand des validierten Simulationsmodells drei verschiedene Optimierungsansätze untersucht [178].

10.1 Funktion und Aufbau: Stromverteilerbox

Die Hauptaufgabe der Stromverteilerbox ist eine elektrische Kontaktierung zwischen der Batterie und den elektrischen Verbrauchern, sowie der Sicherungsbox, Abbildung 2-4. Die Stromverteilerbox ist ein passives Bauteil, das keine elektrischen Bauteile an- oder abschalten kann. Auch wenn die Stromverteilerbox den Strom nur weiterleitet, kommt ihr als verknüpfendes Bauteil eine zentrale Rolle im elektrischen Pfad zu.

Im Fall eines Ladevorgangs wird der Strom von der Ladedose an die Sicherungsbox weitergeleitet, die ihrerseits den Strom über Hochvoltkabel an die Stromverteilerbox überträgt. In Abbildung 10-1 ist der Strom in technischer Fließrichtung von Plus nach Minus eingetragen.

Die elektrische Kontaktierung zwischen Hochvoltkabeln und der Stromverteilerbox wird über Module hergestellt. Diese Module sind in Abbildung 10-1 mit dem Buchstaben M abgekürzt. Auf den genauen Aufbau und die Funktion der Module wird später noch einmal eingegangen.

Innerhalb der Stromverteilerbox befinden sich zwei Hauptleiterschienen, die entsprechend der Polarität ein elektrisches Spannungspotential besitzen. Von der Hauptleiterschiene kann der Strom über die Module und die Hochvoltkabel zu der Batterie gelangen, um diese zu laden. Während des Ladevorgangs kann ein Teil des Stroms parallel von elektrischen Verbrauchern wie Lüftern,

© Der/die Autor(en), exklusiv lizenziert an
Springer Fachmedien Wiesbaden GmbH, ein Teil von Springer Nature 2026
J. Krings, *Thermische Simulation des elektrischen Ladepfads bei
Elektro-Nutzfahrzeugen*, Wissenschaftliche Reihe Fahrzeugtechnik
Universität Stuttgart, https://doi.org/10.1007/978-3-658-51550-8_10

Pumpen oder Klimakompressoren abgegriffen werden. Diese sind alle einzeln über Module an der Hauptleiterschiene angeschlossen. In Abbildung 10-1 sind die elektrischen Verbraucher vereinfacht über ein Modul angeschlossen.

Der Inverter für den Elektromotor des Fahrantriebs schaltet sich während des Ladevorgangs inaktiv, um eine unbeabsichtigte Bewegung des Elektrofahrzeugs bei kontaktiertem Ladestecker unbedingt zu verhindern.

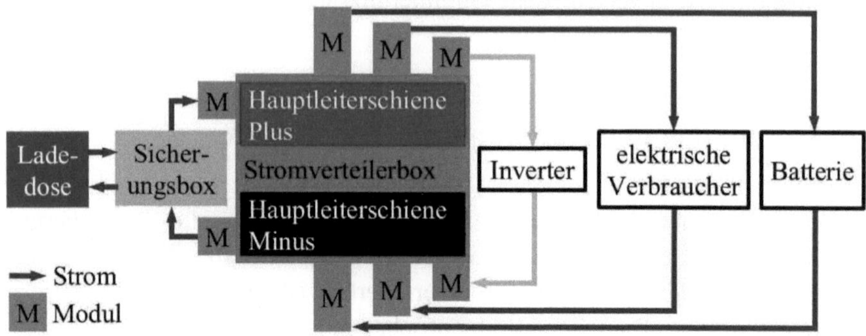

Abbildung 10-1: Stromverteilerbox beim Laden

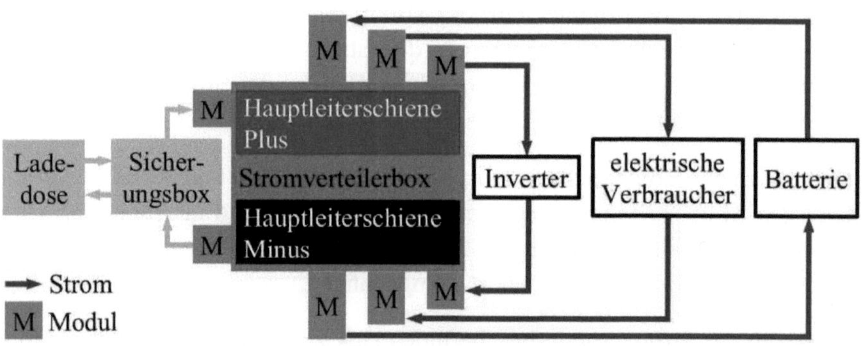

Abbildung 10-2: Stromverteilerbox im Fahrbetrieb

Abbildung 10-2 stellt den Strompfad während des Fahrbetriebs dar. Weil der Ladestecker entfernt ist, trennen die Schütze in der Sicherungsbox die Verbindung zu den Ladedosen. Die Batterie dient nun als Stromgeber, was durch die Richtungsumkehr der Strompfeile visualisiert ist. Der Strom aus der Batterie teilt sich entsprechend der erforderlichen elektrischen Leistung auf die elektrischen Verbraucher auf. Der Inverter ist wieder aktiv und kann den Elektromotor für den Fahrantrieb mit Strom betreiben.

In Abbildung 10-3 ist die vereinfachte Ansicht eines montierten Modulverbinders auf der positiven Hauptleiterschiene der Stromverteilerbox dargestellt. Zu erkennen ist die Verbindung zwischen stromführendem Hochvoltkabel und einem Stecker des Moduls. Dieser leitet den Strom an eine leitfähige Schiene innerhalb des Moduls weiter, an dessen Ende eine Buchse montiert ist. Die Buchse stellt mit dem Bolzen einen elektrischen Kontakt zur Hauptleiterschiene her. An der Hauptleiterschiene gibt es mehrere Anschlüsse für die einzelnen elektrischen Verbraucher, die abhängig vom Strombedarf durch unterschiedlich große Bolzen eine Übertragung des Stroms ermöglichen. Zwecks Übersichtlichkeit sind keine weiteren Module dargestellt und auf die Darstellung der baugleichen, negativen Hauptleiterschiene wurde ebenfalls verzichtet.

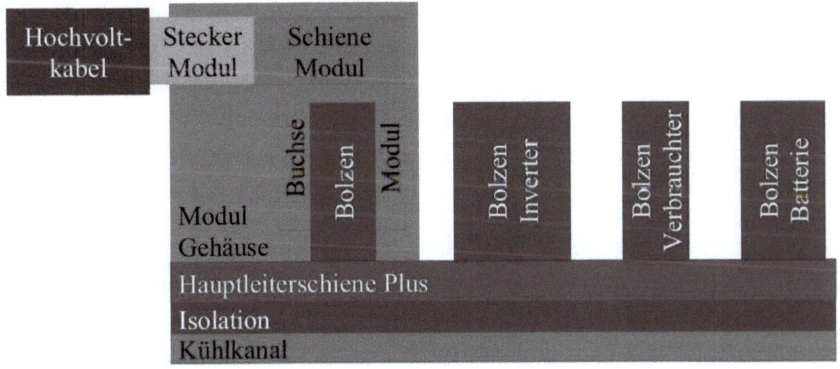

Abbildung 10-3: Detailansicht Modulverbindung

Einen Teil der entstehenden Wärme können die Hauptleiterschienen an den Kühlkanal abgeben. Gegen Berührung sind die stromleitenden Teile durch das Modulgehäuse und die Isolation der Hauptleiterschiene geschützt.

Die Abbildung 10-3 zeigt die zwei Kontaktübergänge pro Modul. Der erste befindet sich zwischen Hochvoltkabel und Stecker des Moduls und der zweite entsteht durch die Kombination von Buchse und Bolzen am Moduleingang beziehungsweise Modulausgang der Stromabnehmer.

Die Buchse-Bolzen-Verbindung ist im Hinblick auf die Kontaktübergangswiderstände kritisch zu sehen. Der Vorteil in dieser Konstruktionsweise liegt jedoch in der kompakten Bauweise der Steckverbindungen und der flexiblen Gestaltung der Steckanschlüsse für die Hochvoltkabel. Durch diese Flexibilität können entsprechend der Anforderungen an das Nutzfahrzeug individuelle Steckmöglichkeiten umgesetzt werden. Die Kabelausgänge können freier an den zur Verfügung stehenden Bauraum ausgelegt werden. Ebenfalls benötigen die Module auf der Hauptleiterschiene weniger Platz, was trotz großer Kabelquerschnitte eine kompaktere Bauweise ermöglicht.

Im Falle von unterschiedlich starken elektrischen Verbrauchern oder neuen Stromabnehmern durch neue Fahrzeugkonfigurationen können an den gleichen Bolzen der Hauptleiterschiene durch ein entsprechendes Modul unterschiedliche Stecker verbaut werden. Ein weiterer Vorteil der Steckverbindung durch die Module besteht in der leichten Montage während der Fahrzeugproduktion.

Einige Module besitzen zwischen der stromleitenden Schiene und der Buchse noch eine Schmelzsicherung. Diese kann entsprechend des abzusichernden Verbrauchers bereits in der passenden Stromstärke vormontiert sein, wodurch ein separater Sicherungskasten entfällt. Durch das modulhafte Stecken von der Verbindungskombination über Buchse und Bolzen lassen sich im Falle einer Reparatur die Sicherungen samt den Modulen einfach komplett tauschen.

Nachteilig an der Lösung des Modulsystems ist der bereits erwähnte zusätzliche Kontaktübergangswiderstand durch die Verbindungsstelle von Buchse und Bolzen. Wie in Kapitel 3.1.1 „Elektrischer Kontaktwiderstand" bereits beschrieben, entstehen hierdurch Verluste, die sich über die Joule'sche Erwärmung durch einen Temperaturanstieg äußern.

Eine entsprechende Gegenmaßnahme ist in Kapitel 7.4.1 „Kontaktwiderstand reduzieren" anhand der CCS Ladedose besprochen worden. Hier wurde die Kontaktkraft der Steckverbindung untersucht. Prinzipiell kann dieser Ansatz auch in der Steckverbindung des Moduls umgesetzt werden, allerdings ist die Erhöhung beschränkt, um noch eine händische Montierbarkeit in der Produktion zu ermöglichen.

10.2 Thermischer Simulationsaufbau: Stromverteilerbox

Die Wärmeübertragungswege der Stromverteilerbox sind in Abbildung 10-4 dargestellt. Der Aufbau der Abbildung orientiert sich dabei an der Detailansicht der Modulverbindung aus Abbildung 10-3.

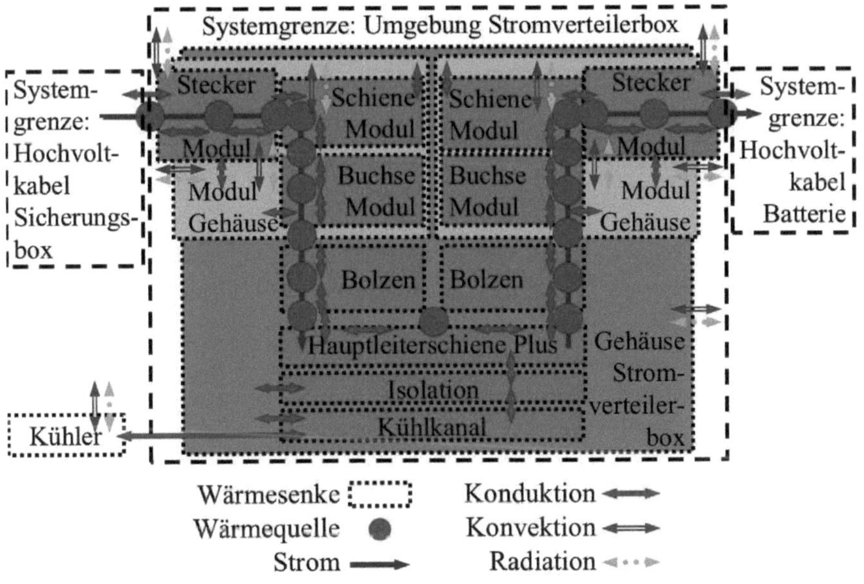

Abbildung 10-4: Thermischer Simulationsaufbau: Stromverteilerbox

Wie bei den vorherigen Ladekomponenten wird auch bei der Stromverteilerbox der Modellierungsansatz des ZVEI Leitfadens für den Aufbau der thermischen Simulation in Matlab verwendet. Exemplarisch ist hier nur einmal der Eingang des Hochvoltkabels über den Stecker und die Kontaktstelle von Buchse zu Bolzen auf die Hauptleiterschiene für eine Polarität aufgeführt. Für die Simulationsberechnung sind beide Strompfade hinterlegt. Außerdem besitzt jeder elektrische Verbraucher eine eigene Stromverbindung durch ein Modul. In Abbildung 10-4 ist dazu nur der Modulausgang zur Batterie abgebildet. Weitere Details befinden sind in Anhang A5.

In dem thermischen Simulationsaufbau wird der Kontaktübergangswiderstand von dem Hochvoltkabel zum Stecker des Moduls auf der Eingangsseite als

Wärmequelle abgebildet. Der Stecker des Moduls besitzt an der Verbindungsstelle mit der stromleitenden Schiene des Moduls ebenfalls einen Übergangswiderstand. Diese Stromschiene stellt den Befestigungspunkt der Buchse des Moduls dar.

Die lösbare Steckverbindung der Kombination aus Buchse und Bolzen ist in Richtung des Stromflusses die nächste Wärmequelle aufgrund des Kontaktwiderstands. Der Bolzen seinerseits stellt an dem Übergang zur Hauptstromleiterschiene ebenfalls eine Wärmequelle dar.

Getrennt durch eine Isolation kann über den Weg der Konduktion ein Teil der Wärme von der Hauptstromleiterschiene an den flüssigkeitsgekühlten Kühlkanal übertragen werden.

Der Strom folgt von der Hauptleiterschiene auf die verschiedenen Bolzen der elektrischen Verbraucher. Im Falle von Abbildung 10-4 ist hier der elektrische Pfad vom Bolzen der Hauptleiterschiene über die Buchse der Batterie dargestellt. An der Buchse ist eine stromleitende Schiene befestigt, die die Verbindung des Steckers für das Hochvoltkabel zur Batterie bildet.

In der Simulation werden alle stromleitenden Bauteile auch als Wärmequellen abgebildet, da sie durch den elektrischen Widerstand Verluste in Form von Wärme abgeben, Gleichung 3.15.

Neben der Abgabe von Wärme können die Bauteile durch ihre Masse auch thermische Energie aufnehmen, Gleichung 3.11. Sie werden daher in der Simulation als Wärmesenken modelliert.

Die Wärme der stromleitenden Bauteile kann durch Konduktion untereinander ausgeglichen werden. Dabei wird ein Teil der Wärme an die Gehäuse der Stromverteilerbox und die Modulgehäuse abgeleitet. Die Gehäuse können ihre Wärme durch Konvektion und Radiation an die Systemgrenze der Umgebungsluft abführen.

Über die Hochvoltkabel von der Sicherungsbox und die Hochvoltkabel der elektrischen Verbraucher besteht die Möglichkeit die Wärme in Form von Konduktion über die Systemgrenzen zu übertragen. Die Wärme der Kühlflüssigkeit kann über einen Kühler außerhalb der Systemgrenzen abgegeben werden.

10.3 Simulationsvalidierung mit Messung: Stromverteilerbox

Die Validierung des Simulationsmodells der Stromverteilerbox wird an zwei Stellen durchgeführt. Der erste Temperatursensor befindet sich auf dem Stecker des Moduls zwischen Hochvoltkabel und Gehäuse des Moduls. Die Hochvoltkabel kommen von der Sicherungsbox und leiten den Strom in die Stromverteilerbox ein, Abbildung 10-5. Der zweite Temperatursensor befindet sich an dem Gehäuse des Moduls der positiven Hauptleiterschiene.

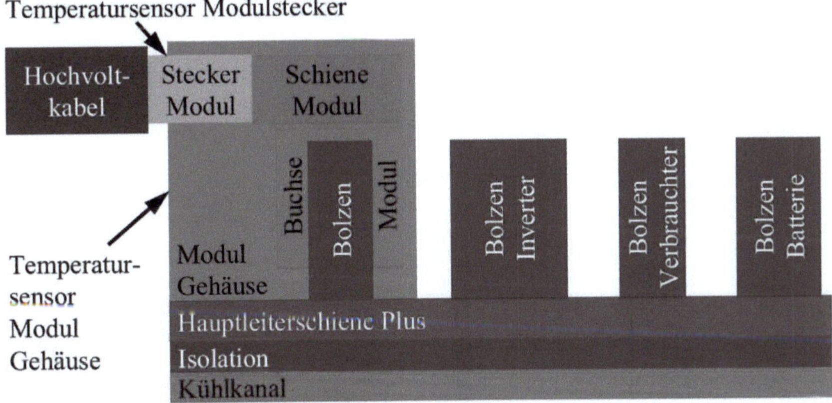

Abbildung 10-5: Validierung Stromverteilerbox Temperatursensorpositionen

Die Messungen für die Validierung der Simulation stammen aus einem realen Fahrversuch der Gesamtfahrzeugerprobung in Südeuropa bei warmen Umgebungsbedingungen [179].

Das Fahrzeug wurde während der Fahrzeugerprobung immer wieder nachgeladen, damit durchgängig verschiedene Fahr- und Ladetests durchgeführt werden konnten. Um eine hohe Belastung für die Fahrzeug- und Ladekomponenten zu erreichen, wurden die Pausenzeiten zwischen dem Fahrbetrieb und dem Laden kurzgehalten, damit die Komponenten wenig Zeit zum Abkühlen hatten.

Aus einem solchen Fahrzeugdauertest stammen die Messungen für die Validierung der Stromverteilerbox. Dabei wurde ein Zeitabschnitt ausgewählt, bei dem das Elektrofahrzeug für 75 Minuten am Stück geladen wurde.

Abbildung 10-6 zeigt den gemessenen Stromverlauf für den gesamten Lade-vorgang. Nach der ersten Ladestufe von 135A für 2 Minuten steigt der Lade-strom auf 385A für 22 Minuten. Anschließend sinkt der Ladestrom innerhalb von circa 10 Minuten auf 280A und bleibt bis zum Ende des Ladevorgangs konstant.

Die Temperatur der Umgebungsluft beträgt über dem Zeitraum der Ladung zwischen 26°C und 31°C. Als Durchschnitttemperatur wird 29°C für die Si-mulation verwendet. Die Kühlflüssigkeitstemperatur beträgt während des La-devorgangs durchschnittlich 25°C gemessen an der Eingangsseite des Kühl-kanals bei einem Volumenstrom von 15,4 l/min.

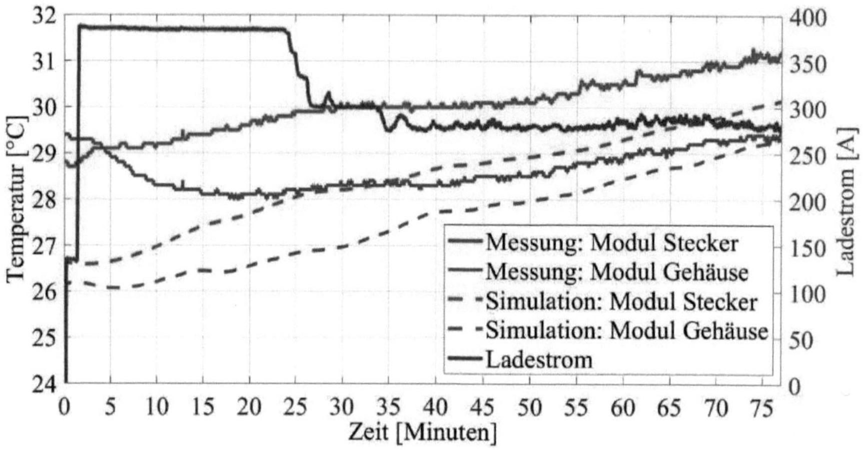

Abbildung 10-6: Validierung: Stromverteilerbox, 29°C Luft, 25°C Kühlung

Der reale Temperaturverlauf am Modul im Bereich des Steckers weist zu Be-ginn der Ladung eine Temperatur von circa 28,8°C auf und steigt annähernd linear innerhalb von 75 Minuten auf circa 31,2°C an. Die Temperaturdifferenz beträgt 2,4K.

Der Temperaturverlauf im Bereich des Gehäuses am Modul beträgt zu Beginn der Messung 29,4°C. Die Temperatur fällt in den ersten 25 Minuten des Lade-vorgangs auf circa 28°C ab. Der leichte Temperaturabfall ist auf die einset-zende Kühlung des Kühlkanals zurückzuführen. Im weiteren Verlauf des La-devorgangs steigt die Temperatur auf 29,3°C an.

In dem Schritt der Kalibrierung des Simulationsmodells wurden zunächst die Simulationsparameter iterativ so lange geändert, bis die simulierten Temperaturverläufe, denen der realen Messungen entsprachen. Für den Schritt der Validierung sollten die simulierten Temperaturverläufe ohne weitere Anpassung der Simulationsparameter den realen Messungen entsprechen. Für eine möglichst realitätsnahe Validierung der Simulation wurden die Ladeströme und der Volumenstrom der Kühlflüssigkeit der realen Messungen als Simulationsparameter verwendet.

Der mit dem Simulationsmodell errechnete Temperaturverlauf im Bereich des Steckers des Moduls zeigt wie die reale Messung einen annähernd linearen Anstieg bei einer ähnlichen Temperaturdifferenz von 3,4K. Der Startwert liegt dabei leicht niedriger bei 26,7°C und der Endwert beträgt 30,1°C.

An dem Gehäuse des Moduls der Hauptleiterschiene startet der simulierte Temperaturverlauf bei einer Temperatur von 26,2°C. Die Abweichung zu der Starttemperatur der realen Messung beträgt somit 3,2K.

Auch bei dem simulierten Temperaturverlauf des Modulgehäuses ist innerhalb der ersten Minuten des Ladevorgangs eine leichte Temperaturabsenkung durch die einsetzende Kühlung zu erkennen. Als Endtemperatur berechnet die Simulation einen Wert von 29,4°C.

Die durch die Simulation berechneten Temperaturverläufe der Stromverteilerbox im Bereich der Stecker des Moduls für die Hauptleiterschiene und am Gehäuse des Moduls stimmen qualitativ mit den realen Messungen aus der Gesamtfahrzeugerprobung überein.

Die Randbedingungen zur Validierung des Simulationsmodells in der Fahrzeugerprobung lagen bei einer Lufttemperatur von 29°C und einem Ladestrom von maximal 385A.

Laut Entwicklungslastenheft soll das Fahrzeug auch beim MCS Ladesystem mit 1300A und einer Lufttemperatur von bis zu 50°C einsatzfähig sein. Auch wenn die Validierungstemperaturverläufe bei niedrigeren Temperaturen und Ladeströmen durchgeführt wurden, wird mit dem Simulationsmodell versucht die Optimierungsansätze bei diesen ungleich höheren Anforderungen des zukünftigen MCS Ladesystems abzubilden.

10.4 Optimierung: Stromverteilerbox

Anhand des validierten Simulationsmodells können für die Stromverteilerbox Optimierungsmaßnahmen untersucht werden. Die Optimierungsansätze werden dabei, wie in Kapitel 6 beschrieben, in drei unterschiedliche Kategorien unterteilt. Der erste Optimierungsansatz hat den Fokus auf Reduktion der Wärmeentstehung. Der zweite Ansatz versucht die unvermeidlich entstehende Wärmeentwicklung bestmöglich aufzunehmen. Mit dem dritten Optimierungsansatz soll die Wärmeleitung verbessert werden. Die aufgezeigten Ansätze verfolgen dabei Lösungen, die so bei den bisher vorgestellten Ladekomponenten noch nicht untersucht worden sind, aber trotzdem auf diese angewendet werden können.

Abbildung 10-7 gibt einen schematischen Überblick zu den untersuchten Optimierungsansätzen.

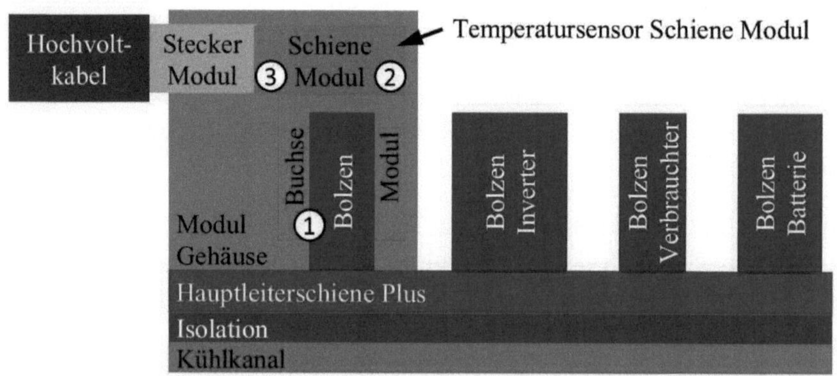

Abbildung 10-7: Optimierungsansätze an Stromverteilerbox

Der Optimierungsansatz zur Reduktion der Wärmeentstehung zeigt eine Alternative zu einer lösbaren Verbindung von der Steckverbindung aus Bolzen und Buchse auf, Abbildung 10-7 (1). Als Verbesserungsansatz wird hier die Auswirkung untersucht, den eine Substitution der Steckverbindung durch eine Schraubverbindung hat.

Die Schienen der Module stellen zentrale stromleitende Bauteile der Stromverteilerbox dar. Daher eignen sie sich, um die Auswirkung von verschiedenen

Materialen auf die Wärmeaufnahme zu untersuchen, Gleichung 3.11. Der Effekt, den die verschiedenen Werkstoffe auf die Temperaturentwicklung haben, wird in Kapitel 10.4.2 als zweiter Optimierungsansatz untersucht, Abbildung 10-7 (2).

Als abschließende Optimierungsmaßnahme an der Stromverteilerbox wird untersucht, welche Auswirkung der Leiterquerschnitt der stromleitenden Schiene eines Moduls auf die Wärmeabgabe besitzt, Abbildung 10-7 (3).

10.4.1 Schraube statt Buchse

In Kapitel 10.1 „Funktion und Aufbau: Stromverteilerbox" wurden die Vorteile der modularen Verbindungstechnik zwischen Modulbuchsen und Bolzen der Hauptleiterschienen genannt. Neben den Vorzügen wurde auch der Nachteil der doppelten Kontaktübergangswiderstände erwähnt. Diese ergeben sich aus der Kombination von der Steckverbindung zwischen Hochvoltkabel und dem Stecker des Moduls sowie aus der beschriebenen Verbindung zwischen Buchse und Bolzen im Modul, Abbildung 10-3. Anhand der in Kapitel 3.1.1 „Elektrischer Kontaktwiderstand" beschriebenen Effekte lassen sich die Übergangswiderstände durch eine Erhöhung der Kontaktkraft reduzieren, Gleichung 3.8.

Eine Erhöhung der Kontaktkräfte von momentan 120N pro Kontaktstelle zwischen Buchse und Bolzen ist im Falle der Module nur beschränkt umsetzbar, da dies die händische Montage der Module in der Fahrzeugproduktion erschweren würde. Um sich von dieser Einschränkung zu lösen, wird in dem Optimierungsansatz eine Schraubverbindung mit einer M8 Schraube anstelle einer Kombination aus Buchse und Bolzen untersucht. Als Kontaktkraft wird die Vorspannkraft einer M8 Sechskantschraube mit 16.000N eingestellt [180] und als Berechnungsgrundlage für die Reduktion des Übergangswiderstands verwendet.

Der gemessene Widerstand von Buchse und Bolzen inklusive des Kontaktübergangswiderstands beträgt 8 µΩ. Für die Schraubverbindung errechnet sich eine Reduktion auf einen Gesamtwert von 4 µΩ [178].

In Abbildung 10-8 ist der Lösungsansatz vereinfacht dargestellt. Zur Umsetzung des Optimierungsansatzes wird die stromleitende Schiene des Moduls etwas abgewandelt, um die Buchse aus der Referenzversion zu ersetzen. An der Stromeingangsseite der Hauptstromleiterschienen werden die runden Bolzen gegen flächige Kontaktstellen an den Schienen der Module der Stromverteilerbox ersetzt. Im Simulationsmodell werden diese Änderungen sowohl für den Plus- als auch den Minuspfad eingearbeitet.

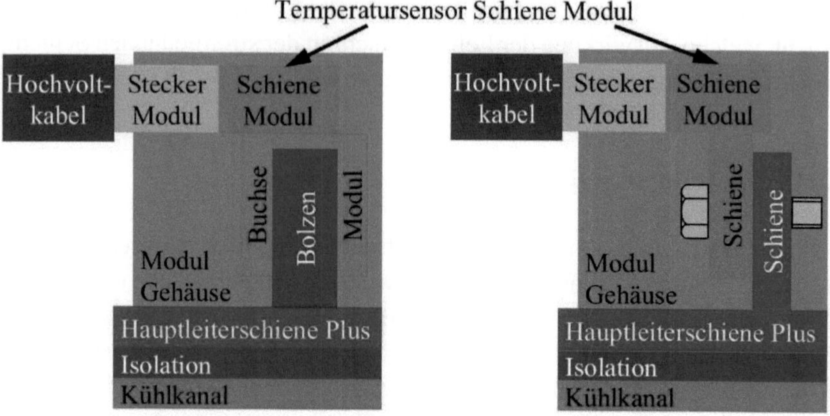

Abbildung 10-8: links: Referenz, rechts: Schraube statt Bolzen

Für die Simulation beträgt der Ladestrom konstant 1300A bei 50°C Lufttemperatur. Wie bei der Validierung des Simulationsmodells wird für die Kühlmitteltemperatur 25°C an der Eingangsseite eingestellt bei 15,4 l/min. Abbildung 10-9 zeigt die simulierten Temperaturverläufe.

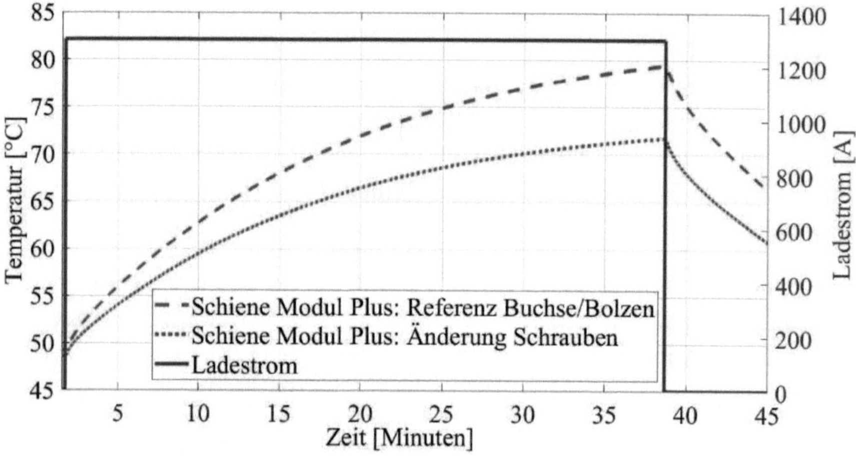

Abbildung 10-9: Temperaturverlauf an Schiene bei Bolzen und Schraube

Für die Referenzversion mit der Kombination aus Buchse und Bolzen ergibt sich eine Starttemperatur von 50°C an der Position für die positive stromleitende Schiene des Moduls zu Beginn des simulierten Ladevorgangs. Anschließend erwärmt sich die Schiene des Moduls durchgängig innerhalb von 37 Minuten auf 79°C. Der Temperaturverlauf hat dabei noch keinen stationären Endwert erreicht.

Für den Vergleich mit der Referenzversion ist in Abbildung 10-9 ebenfalls der Temperaturverlauf für die Version mit der Schraubverbindung aufgetragen. Im direkten Vergleich fällt der deutlich flachere Temperaturanstieg auf. Am Ende des Ladevorgangs ist annähernd eine stationäre Temperatur von etwas unter 72°C erreicht. Dadurch ergibt sich eine Temperaturdifferenz von 7K.

Der Vergleich der Temperaturverläufe zeigt den positiven Effekt, den eine Reduktion des Übergangswiderstands auf die Temperaturentwicklung der stromleitenden Schiene im Modul hat. Wie bereits durch Gleichung 3.8 zur Berechnung des Kontaktwiderstands und der Gleichung 3.15 zur Joule'schen Erwärmung vorhergesagt, werden durch die Verringerung des elektrischen Widerstands die Wärmeverluste reduziert, wodurch der große Temperaturunterschied erklärt werden kann.

Bezüglich der thermischen Optimierung der Stromverteilerbox hat der Einsatz einer Schraubverbindung anstatt einer Steckverbindung aus Buchse und Bolzen einen großen Effekt auf die Temperatur der Schiene am Modul. Die Abwägung der Vorteile der Schraublösung gegenüber dem Vorteil der steckbaren Modullösung erfordert eine gesonderte Untersuchung in einem anderen Themenrahmen.

10.4.2 Materialanpassung

Ziel der Materialanpassung von den stromführenden Schienen der Module ist, die Wärmeaufnahme zu vergrößern, um einen langsameren Temperaturanstieg während des Ladevorgangs zu erreichen.

Als Optimierungsansatz wird daher die thermische Kapazität C_{th} vergrößert, die nach Gleichung 3.11 proportional mit der thermischen Masse m und der spezifischen Wärmekapazität c zusammenhängt.

Die Position der stromleitenden Schiene für das Modul ist in Abbildung 10-7 (2) eingetragen.

In der Referenzversion besteht das Material der Schienen für die Module aus Kupfer mit einem Reinheitsgrad von 99,9%. Die Dichte dieses Werkstoffs liegt bei 8,93 $\frac{g}{cm^3}$ und die spezifische Wärmekapazität c bei 386 $\frac{J}{kg \cdot K}$ [176].

Als alternativer Werkstoff wird die Auswirkung von einem hochwertigeren Kupfer mit einem 99,99%igen Reinheitsgrad untersucht. Die Werkstoffdichte beträgt 8,94 $\frac{g}{cm^3}$ und die spezifische Wärmekapazität c 390 $\frac{J}{kg \cdot K}$ [181].

Als zweiter alternativer Werkstoff wird Aluminium EN AW-Al 99,5 mit einem Reinheitsgrad von 99,5% untersucht. Die Dichte beträgt 2,7 $\frac{g}{cm^3}$ und die spezifische Wärmekapazität c 900 $\frac{J}{kg \cdot K}$ [182].

Als Simulationsparameter sind die gleichen Randbedingungen wie im vorherigen Optimierungsansatz gewählt. Der Ladestrom von 1300A wird für eine Zeit von 37 Minuten konstant gehalten. Die Umgebungstemperatur beträgt 50°C und die Kühlmitteltemperatur 25°C an der Eingangsseite des Kühlkanals bei 15,4 l/min Volumenstrom.

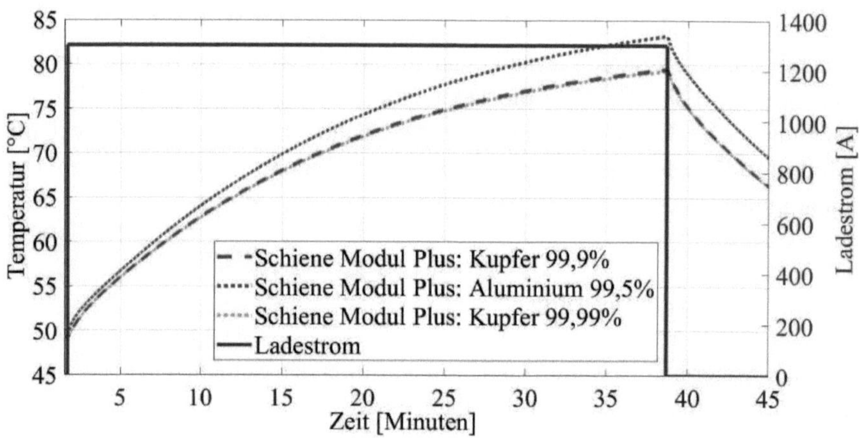

Abbildung 10-10: Verschiedene Materialien für Schiene von Modul

Abbildung 10-10 zeigt die simulierten Temperaturverläufe der drei verschiedenen Materialien für die Schienen der Module.

Der Vergleich von Kupfer mit einem Reinheitsgrad von 99,9% als Referenzausgangsmaterial mit dem 99,99%igen Kupfer zeigt kaum einen Unterschied im Temperaturverlauf und der Endtemperatur nach 37 Minuten, die bei 79°C liegt. In Anbetracht der fast identischen Materialeigenschaften ist dieses Ergebnis plausibel.

Beim Temperaturverlauf von Aluminium mit einem Reinheitsgrad von 99,5% ist hingegen ein deutlicher Temperaturunterschied von 4K zu erkennen. Die Steigung der Temperaturkurve bei der Endtemperatur von 83°C zeigt zum Ende des simulierten Ladevorgangs noch keinen stationären Temperaturwert an. Daher ist bei einer längeren Ladezeit noch mit einem weiteren Anstieg zu rechnen. Ausgehend von dem höheren Temperaturniveau benötigt Aluminium im Vergleich zu Kupfer für die Abkühlung auch mehr Zeit.

Mit der Anpassung des Materials der Schiene der Module wurde der Optimierungsansatz verfolgt, die thermische Kapazität C_{th} zu vergrößern. Die Simulation des Temperaturverlaufs im Bereich der Schiene des Moduls zeigt den geringen Unterschied, den der Reinheitsgrad des Kupfers auf die Temperaturentwicklung besitzt. Der Einsatz von Aluminium hingegen hat zu einer deutlich höheren Endtemperatur geführt.

Obwohl Aluminium im Vergleich zu Kupfer eine circa 2,3fach größere spezifische Wärmekapazität besitzt, beträgt das Dichteverhältnis nur circa 30% von Kupfer.

Da für die Analyse des Optimierungspotentials in der Simulation die Bauteilgeometrie gleichgeblieben ist, kann als rechnerischer Materialvergleich die Materialdichte mit der spezifischen Wärmekapazität multipliziert werden. Dabei ergibt sich für Aluminium ein Wert von $2,7 \cdot 900 = 2430$. Der Wert von Kupfer liegt mit $8,93 \cdot 386 = 3447$ deutlich höher. Dadurch ergibt sich in Summe bei gleicher Bauteilgeometrie der Schienen eine niedrigere thermische Kapazität C_{th} von Aluminium im Vergleich zu Kupfer. Diese erklärt die stärkere Erwärmung von Aluminium.

Bei den gegebenen Untersuchungsbedingungen der gleichbleibenden Bauteilgeometrie fällt die Auswahl zugunsten von Kupfer aus. Im Hinblick auf den in Kapitel 9.1 besprochenen Kostenvorteil von Aluminium [174] können die thermischen Nachteile von Aluminium im Vergleich zu Kupfer durch eine Anpassung der Bauteilgeometrie reduziert werden.

10.4.3 Leitungsquerschnitt anpassen

In Gleichung 3.14 ist der Effekt zu sehen, den die Querschnittsfläche A auf den Wärmestrom $\dot{Q}$ besitzt. Daher wird für den Optimierungsansatz die Wärmeleitung zu beeinflussen, eine Untersuchung der Querschnittsänderung der stromleitenden Schienen in den Modulen vorgenommen.

Um die geometrischen Änderungen an den stromleitenden Schienen der Module gering zu halten, wird nur die Dicke der Schienen variiert, die Breite bleibt unverändert. In der Ausgangsversion beträgt die Schienendicke 5mm. Für die Simulation wird einerseits die Dicke auf 6mm vergrößert. Dies entspricht einer Vergrößerung um +20%. Andererseits wird noch eine Querschnittsreduktion um -20% auf 4mm untersucht, um die Auswirkung auf den Temperaturverlauf abzubilden.

Die Randbedingungen für die Simulation sind für einen einheitlichen Vergleich der vorherigen zwei untersuchten Optimierungsansätze unverändert. Die Temperatur der Kühlflüssigkeit an der Eingangsseite der Stromverteilerbox beträgt 25°C bei 15,4 l/min und die Außentemperatur beträgt 50°C. Für eine Zeit von 37 Minuten liegt ein konstanter Ladestrom von 1300A an, der anschließend abgeschaltet wird, um das Abkühlverhalten an der Schiene für das Modul abzubilden.

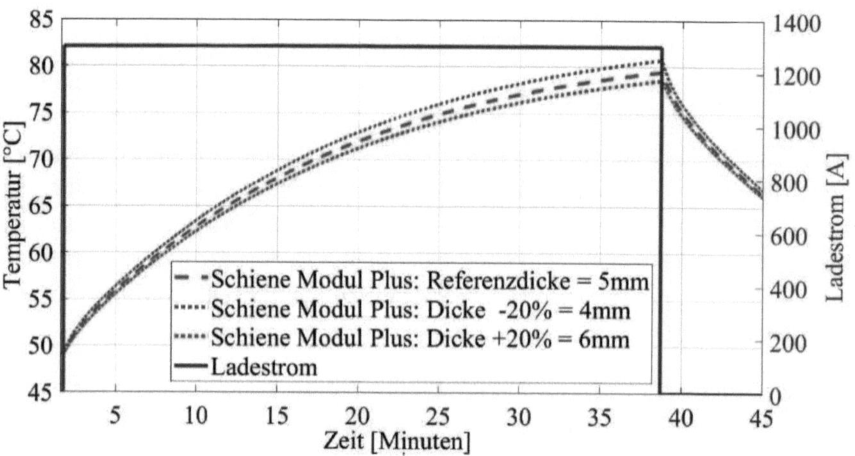

Abbildung 10-11: Anpassung: Leitungsquerschnitt der Schiene am Modul

In Abbildung 10-11 sind die Simulationsergebnisse der Temperaturverläufe an der Schiene des Moduls von der Stromeingangsseite der Stromverteilerbox mit unterschiedlichen Leiterquerschnitten aufgetragen.

Ausgehend von einer Starttemperatur von 50°C erwärmt sich die stromleitende Schiene innerhalb von 37 Minuten auf etwas über 79°C.

Für die Schiene mit einer erhöhten Materialdicke von 6mm ergibt sich ein etwas flacherer Temperaturanstieg bei einer Endtemperatur von 78°C. Im Vergleich dazu ist der Temperaturunterschied des verminderten Leiterquerschnitts mit einer Dicke von 4mm größer. Hier liegt die Temperatur am Ende des simulierten Ladevorgangs bei circa 81°C.

Das Abkühlverhalten der Referenzversion und der Version mit einem 20% vergrößerten Leiterquerschnitt besitzen ein ähnliches Abkühlverhalten. Die Leiterschiene mit dem reduzierten Querschnitt hingegen liegt aufgrund der höheren Endtemperatur auf einem leicht höheren Temperaturniveau.

Der erhöhte Wärmestrom $\dot{Q}$, den die Schiene mit einer Materialdicke von 6mm im Vergleich zur Referenzversion besitzt, führt zu einer größeren Wärmeleitung. Dadurch kann Wärme von der Wärmequelle aus besser an die angrenzenden Bauteile weitergeleitet und an die Umgebung abgeführt werden.

Dies spiegelt sich in einer verminderten Temperatur wider. Außerdem begünstigt der größere Leiterquerschnitt A den elektrischen Widerstand laut Gleichung 3.2. Zusätzlich steigt mit der Querschnittszunahme auch die Masse der Schiene an. Dies führt zu einer vergrößerten thermischen Kapazität laut Gleichung 3.11.

Der gegenteilige Effekt tritt bei der Reduktion des Leiterquerschnitts der Schiene auf 4mm ein. Durch den erhöhten Widerstand entstehen mehr Wärmeverluste. Diese erhöhte Wärmemenge verteilt sich auf eine geringere Bauteilmasse und führt zu einem Temperaturanstieg. Außerdem kann der reduzierte Leiterquerschnitt weniger Wärme abführen als die Referenzversion mit einer Materialdicke von 5mm, bei sonst gleichen Randbedingungen.

Durch die kleine Anpassung der Materialdicke der Schiene lassen sich die drei Wärmeprinzipien, „Wärmeentstehung reduzieren", „Wärmeaufnahme vergrößern" und „Wärmeleitung erhöhen", gemeinsam positiv beeinflussen.

11 Kopplung von Ladekomponenten

Nachdem die einzelnen Ladekomponenten mit Hilfe ihrer Simulationsmodelle thermisch untersucht worden sind, werden die Modelle nun untereinander gekoppelt, um die Möglichkeit einer gegenseitigen thermischen Beeinflussung zu analysieren. Abbildung A1-1 in Anhang A1 zeigt die Kopplung der Simulationsmodelle von CCS und MCS Ladedose mit der Sicherungsbox.

In diesem Kapitel werden zunächst die Randbedingungen der Simulationen definiert, um die Auswirkung der vorgestellten Optimierungsmaßnahmen vergleichbar zu machen. Anschließend werden die Energiebilanzen für die einzelnen Ladekomponenten aufgeführt. Dazu wird jeweils die Wärmemenge während des Ladevorgangs simulativ durch Wärmemesser bestimmt und zusätzlich die Wärmeübertragung an die Kühlflüssigkeit ermittelt.

11.1 Simulationsrandbedingungen für Energiebilanzierung

Um die nachfolgenden Untersuchungen an den Ladekomponenten vergleichbar zu machen, wird eine Energiemenge definiert, mit der der Fahrzeugenergiespeicher nachgeladen wird. Bei Vergleichstests zur Ladegeschwindigkeit werden üblicherweise die Energiespeicher in einem Bereich von 20% bis 80% der maximalen Ladekapazität geladen [183]. Dies entspricht einem Ladehub von 60%. In diesem Bereich kann elektrische Energie annähernd linear in dem Energiespeicher gespeichert werden [184].

Die nutzbare Batteriekapazität des hier untersuchten Fahrzeugs beträgt 600kWh. Bei einem Ladehub von 60% ergibt sich daraus eine zu ladende elektrische Energiemenge von 360kWh, Gleichung 11.1.

$$600\text{kWh} \cdot 0{,}6 = 360\text{kWh} \qquad \text{Gl. 11.1}$$

Nach Gleichung 3.5 ergibt sich bei einer konstanten Ladeleistung von 1MW eine Ladezeit von circa 21,6 Minuten, Gleichung 11.2.

© Der/die Autor(en), exklusiv lizenziert an
Springer Fachmedien Wiesbaden GmbH, ein Teil von Springer Nature 2026
J. Krings, *Thermische Simulation des elektrischen Ladepfads bei
Elektro-Nutzfahrzeugen*, Wissenschaftliche Reihe Fahrzeugtechnik
Universität Stuttgart, https://doi.org/10.1007/978-3-658-51550-8_11

$$t_{MCS} = \frac{360\text{kWh}}{1000\text{kW}} = 0{,}36\text{h} \approx 21{,}6\text{min} \qquad \text{Gl. 11.2}$$

Bei konstant 1MW Ladeleistung und 1300A Ladestrom ergibt sich laut Gleichung 3.6 eine durchschnittliche Spannung von 770V, Gleichung 11.3.

$$U = \frac{P_{MCS}}{I} = \frac{1.000.000\text{W}}{1300\text{A}} \approx 770\text{V} \qquad \text{Gl. 11.3}$$

Gleichung 11.4 zeigt die Berechnung der Ladeleistung für das CCS Laden bei einer durchschnittlichen Spannung basierend auf Gleichung 3.6.

$$P_{CCS} = U \cdot I = 770\text{V} \cdot 500\text{A} = 385\text{kW} \qquad \text{Gl. 11.4}$$

Beim CCS Laden ergibt sich bei einer Ladeleistung von 385kW für 360kWh eine theoretische Ladezeit von circa 56 Minuten, Gleichung 11.5.

$$t_{CCS} = \frac{360\text{kWh}}{385\text{kW}} = 0{,}935\text{h} \approx 56\text{min} \qquad \text{Gl. 11.5}$$

11.2 Energiebilanz CCS Ladedose

Für die Energiebilanzberechnung wird das Simulationsmodell der CCS Ladedose mit den Modellen der MCS Ladedose und der Sicherungsbox zu einem zusammenhängenden Modell gekoppelt. Dadurch lassen sich die thermischen Wechselwirkungen der Ladekomponenten untereinander abbilden. Der Modellaufbau der Kopplung entspricht dabei dem realen Aufbau der Ladekomponenten, wie er in Abbildung 9-1 gezeigt wird. Als Bezugsgröße für den Vergleich der Optimierungsansätze der CCS Ladedose dient die entstehende Wärmemenge während des Ladevorgangs. Die Systemgrenze für die Berechnung reicht bis zum Stecker der Hochvoltkabel der CCS Ladedose. Dazu wird an allen Stromleitern der Wärmestrom durch die Joule'sche Erwärmung, Gleichung 3.15, als Integral über der Zeit in Analogie zu Gleichung 3.4 bestimmt, wie es Gleichung 3.16 beschreibt.

Die simulierte Ladezeit variiert dabei je nach untersuchtem Optimierungsansatz der CCS Ladedose. In Kapitel 7.4 sind die Einflüsse auf die Erwärmung der Kontaktstifte der CCS Ladedose vorgestellt worden. Die Optimierungsansätze konnten zum Teil den Temperaturanstieg der Kontaktstifte deutlich abflachen und somit die Überschreitung der maximal zulässigen Temperatur stark hinauszögern. Insbesondere in den ersten 15 Minuten des Ladevorgangs machten sich die Verbesserungsmaßnahmen bemerkbar. Die geringere Wärmeentstehung, größere Wärmeaufnahme und erhöhte Wärmeleitung führten zu einem kurzfristig länger haltbaren, maximal zulässigen Ladestrom von 500A und ermöglichte dauerhaft einen höheren Ladestrom im Vergleich zur Referenzversion. Daraus resultierte eine höhere Ladeleistung, die sich folglich auch in einer kürzeren Ladezeit äußerte.

Zur Vergleichbarkeit der verschiedenen Optimierungsansätze wird die elektrische Energiemenge gewählt, die benötigt wird, um den Energiespeicher des Fahrzeugs von einem Ladezustand von 20% auf 80% zu erhöhen. Dies entspricht in der Realität zumeist dem Bereich von elektrischen Energiespeichern, in dem eine konstante Ladeleistung aufgenommen werden kann, ohne temperatur- oder sättigungsbedingt gedrosselt werden zu müssen. Im speziellen Fall dieser Simulation entspricht dies einer geladenen Energiemenge von 360kWh, Gleichung 11.1. Dadurch würde sich bei einer konstanten Ladung mit 500A eine theoretische Ladezeit von 56 Minuten ergeben, Gleichung 11.5.

Die Simulation des Referenzmodells der CCS Ladedose inklusive der Hochvoltkabel erzeugt während des Ladevorgangs eine Wärmemenge von 75,8Wh. Das temperaturbedingte Herabsetzen des Ladestroms führt zu einer Gesamtladezeit von 63,7 Minuten in der 360kWh übertragen werden.

Tabelle 11.1: CCS Ladedose: max. 500A, 360kWh, 25°C Luft

CCS Ladedose	Wärmemenge		Ladezeit	
	[Wh]	[%]	[min]	[%]
Referenz	75,8	-	63,7	-
Kontaktwiderstand reduzieren	76,1	0,4	62,6	-1,7
Thermische Masse erhöhen +50%	77,5	2,2	62,4	-2,0
Isolatormaterial ändern (Aluminiumoxid)	75,9	0,2	63,6	-0,2
Simulation mit allen Optimierungen	77,8	2,7	61,3	-3,8

Der erste Ansatz, um die CCS Ladedose thermisch zu optimieren, reduziert die Wärmeentstehung durch einen reduzierten Kontaktwiderstand zwischen Ladestecker und Kontaktstift, indem die Kontaktkraft erhöht wird. Bei einer Umgebungstemperatur von 25°C kann der Ladestrom bei 500A um 100 Sekunden länger gehalten werden und der anschließende Ladestrom liegt um 10A höher. Die Energiebilanzberechnung der CCS Ladedose zeigt durch den höheren Ladestrom eine circa 0,4% größere Wärmemenge, aber andererseits auch eine Reduktion der Ladezeit um etwas mehr als eine Minute, beziehungsweise eine Reduktion um 1,7%.

Der Optimierungsansatz, in dem die thermische Masse der stromführenden Verbindungsplatten und der Schienen für die Hochvoltkabel der CCS Ladedose um 50% erhöht wurde, hatte den größten Effekt auf die zeitliche Verzögerung bis zur Maximaltemperatur an der CCS Ladedose. Der Ladestrom von 500A konnte damit um 200 Sekunden länger gehalten werden. Der dauerhaft übertragbare Ladestrom lag ebenfalls um 10A über dem der Referenzversion. Die höhere Ladeleistung über einen längeren Zeitraum führt in der CCS Ladedose zu einem Anstieg der Wärmemenge auf 77,5Wh und somit um eine Steigerung von 2,2%. Die erhöhte Wärmemenge wird dabei in der thermischen Masse der stromleitenden Schienen zwischengespeichert. Die Ladezeit hat sich hingegen um 2% verkürzt. Dies entspricht etwas mehr als einer Minute Ladezeitverkürzung [185].

Der direkte Vergleich zwischen den zwei Optimierungsmaßnahmen zeigt bei annähernd gleicher Zeitersparnis beim Laden, durch den reduzierten Kontaktwiderstand, eine erkennbar niedrige Wärmemenge. Dies bestätigt den Ansatz der Reihenfolge, zunächst die Entstehung von Wärme zu reduzieren und anschließend die Aufnahme der unvermeidlich entstehenden Wärme zu vergrößern.

Die Änderung des Isolatormaterials hatte die kleinste Änderung auf den Temperaturanstieg am Kontaktstift. Der Anfangsladestrom von 500A konnte lediglich für 44 Sekunden länger aufrecht gehalten werden. Auch der dauerhaft mögliche Ladestrom lag nur um 2A höher. Folglich ist auch die absolute Wärmeentstehung über den betrachteten Ladezeitraum nur geringfügig höher als in der Referenzversion und die Ladezeit nur unwesentlich kürzer.

Erwartungsgemäß konnte die Kombination von allen drei Optimierungsmaßnahmen den Anfangsladestrom von 500A am längsten halten, bis die maximale Kontaktstifttemperatur erreicht wurde. Die übertragbare dauerhafte Stromstärke war ebenfalls am höchsten in der Kombination aller drei Verbesserungen. Daher ist auch die absolute Wärmemenge der CCS Ladedose mit 77,8Wh am größten. Die Kombination der Verbesserungsmaßnahmen ergibt eine Ladezeitreduktion von 3,8%, das mehr als 2 Minuten Zeitersparnis entspricht.

Die sich gegenseitig positiv beeinflussenden Effekte der geringeren Wärmeentstehung durch Kontaktwiderstandsreduktion und des temperaturabhängigen elektrischen Widerstands zeigten bei einer ganzheitlichen thermischen Optimierung der CCS Ladedose Synergien untereinander. Im Falle der CCS Ladedose stellen sich insbesondere die Reduktion des Übergangswiderstands und die Erhöhung der thermischen Masse der Stromschienen als vielversprechend heraus. Da die CCS Ladedose ein separates Bauteil des Ladepfads ist und die erforderlichen konstruktiven Anpassungen geringgehalten worden sind, besteht eine gute Umsetzbarkeit in der bestehenden Serienproduktion.

Durch die Optimierungsansätze kann der Ladestrom länger auf einem höheren Niveau gehalten werden und die Ladezeiten werden reduziert. Dies ist im Hinblick auf schnelles Laden von Bedeutung, um eine schnelle Verfügbarkeit des Fahrzeugs zu fördern. Außerdem ergibt sich durch die Verbesserungsmaßnahmen auch ein Energieeinsparpotential, wenn der Ladestrom reduziert und die maximal zulässige Temperatur der CCS Ladedose nicht überschritten wird. In diesem Fall wird insbesondere durch die Verbesserung des Kontaktübergangswiderstands weniger Wärme produziert und damit auch weniger elektrische Energie benötigt.

11.3 Energiebilanz MCS Ladedose

Die Simulationsergebnisse zum Temperaturverhalten der Kontaktstifte der
MCS Ladedose wurden in Kapitel 8.4 vorgestellt. Unter den Randbedingungen der Simulation bei einer Umgebungstemperatur von 25°C und einer Kühlflüssigkeitstemperatur von 35°C bei einem Kühlvolumenstrom von 5,5 l/min
wird die maximal zulässige Temperatur von 100°C an den MCS Kontaktstiften bei einem konstanten Ladestrom von 1300A nicht überschritten. Anders
als bei der CCS Ladedose wird der Ladestrom daher nicht mit der Zeit reduziert, um einer Temperaturüberschreitung entgegenzuwirken. Dadurch bleibt
die Ladezeit unabhängig vom Optimierungsansatz gleich. Zwecks Vergleichbarkeit zur Energiebilanzierung der CCS Ladedose wird für die MCS Ladedose ebenfalls eine elektrische Energiemenge von 360kWh für die Ladung des
Fahrzeugenergiespeichers definiert. Bei einer durchschnittlichen Batterie-
spannung von 770V und konstant 1300A Ladestrom ergibt sich eine Ladeleistung von 1MW, Gleichung 11.3. Dies resultiert in einer theoretischen Ladezeit
von 21,6 Minuten für 360kWh, Gleichung 11.2.

Zur Bestimmung der entstehenden Wärmemenge während des Ladevorgangs
unter den oben genannten Bedingungen wird erneut das gekoppelte Simulationsmodell mit der CCS und MCS Ladedose zusammen mit der Sicherungsbox
verwendet, so wie es Abbildung 9-1 zeigt. Die Systemgrenze für die insgesamt
entstehende Wärmemenge beinhaltet dabei das komplette Modell aus allen
drei Ladekomponenten. Zusätzlich wird auch noch die Wärmemenge bestimmt, die durch die Kühlflüssigkeit aufgenommen wird.

Die Einzeluntersuchungen der Optimierungsansätze für die MCS Ladedose
aus Kapitel 8.4 konnten zum Teil zu deutlichen Temperaturreduktionen an den
MCS Kontaktstiften beitragen. Zwecks Auswertung der Energiebilanzierung
werden unter den Optimierungsansätzen jene näher betrachtet, die ein ausgewogenes Verhältnis zwischen thermischer Verbesserung und technischer Re-
alisierbarkeit bieten. Daher werden im Folgenden die zusammenhängende
Stromschiene der MCS Ladedose, die Erhöhung des Kühlvolumenstroms um
33% und das Wärmeleitmaterial mit einer thermischen Leitfähigkeit von $6\,\frac{W}{m\cdot K}$
untersucht.

Tabelle 11.2: MCS Ladedose: 1300A, 360kWh, 25°C Luft, 35°C Kühlung

MCS Ladedose	Wärmemenge		Kühlung	
	[Wh]	[%]	[Wh]	[%]
Referenz	207,2	-	138,2	-
Kontaktwiderstand entfernen	192,3	-7,2	122,5	-11,4
Kühlvolumenstrom erhöhen (+33%)	202,7	-2,2	151,5	9,6
Wärmeleitmaterial ändern (6 $\frac{W}{m \cdot K}$)	206,1	-0,6	139,6	1,0
Simulation mit allen Optimierungen	188,7	-8,9	136,5	-1,2

Für die Untersuchung des ersten Optimierungsansatzes, die Wärmeentstehung zu reduzieren, wurde der Kontaktwiderstand an den zwei Stromschienen inklusive der Verschraubung durch eine durchgängige Stromschiene ersetzt, Kapitel 8.4.1. Durch diese Maßnahme reduziert sich die Temperatur am MCS Kontaktstift nach 21,6 Minuten von 77°C in der Referenzversion auf unter 61°C. In der gleichen Zeit erwärmt sich die Stromschiene lediglich auf circa 58°C statt 69°C wie in der Referenzversion. Durch das niedrigere Temperaturniveau reduziert sich auch die entstehende Wärmemenge während des 21,6-minütigen Ladevorgangs von 207,2Wh um circa 15Wh beziehungsweise 7,2%. Durch die reduzierte Wärmeentstehung wird an die Kühlung auch 11,4% weniger Wärme abgeführt, was 15,7Wh weniger Wärmemenge entspricht.

Als zweite Optimierungsmaßnahme wurde in Kapitel 8.4.2 die Auswirkung auf die Höhe des Kühlvolumenstroms untersucht. In der Referenzversion sind 5,5 l/min Kühlflüssigkeit durch den Kühlkanal gefördert worden. Dabei stellte sich an den MCS Kontaktstiften eine Temperatur von 77°C nach 21,6 Minuten ein. Bei einer Erhöhung des Kühlvolumenstroms um 33% führte dies zu einer Reduktion der Temperatur an der gleichen Stelle auf 70,5°C. Durch die niedrigere Temperatur der stromführenden Leiter reduziert sich auch der temperaturabhängige Widerstand und damit die Wärmemenge. Die Wärmemenge sinkt dadurch um 4,5Wh von 207,2Wh auf 202,7Wh. Die Simulationsergebnisse zeigen dafür aber einen deutlichen Anstieg in der aufgenommenen Wärme durch die Kühlung um mehr als 9% beziehungsweise 13,3Wh. Die Modellkopplung der MCS Ladedose mit der Sicherungsbox wirkt sich durch die Temperaturänderung des Kühlvolumenstroms auf beide Ladekomponenten aus. So kann durch den erhöhten Kühlflüssigkeitsstrom ein Teil der Wärmemenge aus den Ladekomponenten an den Kühlkanal abgegeben werden. Ein Teil der erhöhten Wärmemenge ist auf die Wärmeabgabe der Stecker auf der Ausgangsseite der Sicherungsbox zurückzuführen, der später noch einmal gesondert untersucht wird.

Die Änderung des Wärmeleitmaterials hatte auf die Temperatur der räumlich entfernteren MCS Kontaktstifte keine große Auswirkung, Kapitel 8.4.3. Die direkt mit dem Wärmeleitmaterial in Kontakt stehenden Stromschienen hingegen konnten von der Veränderung der Wärmeleitfähigkeit von $4\,\frac{W}{m\cdot K}$ auf $6\,\frac{W}{m\cdot K}$ stärker profitieren. Die gesamte Wärmemenge konnte durch die bessere Leitfähigkeit des Wärmeleitmaterials nur geringfügig um 0,6% reduziert werden. Die Abgabe der Wärme an die Kühlflüssigkeit stieg jedoch um 1% an, was durch die verbesserte Wärmeleitung von den Stromschienen auf das Gehäuse der Sicherungsbox und den Kühlkanal zurückzuführen ist. Insgesamt bleibt die Auswirkung der erhöhten Wärmleitfähigkeit des Wärmeleitmaterials jedoch gering.

Die Kombination aus zusammenhängender Stromschiene, erhöhtem Kühlvolumenstrom und einem Wärmeleitmaterial mit einer größeren Wärmeleitfähigkeit ergibt für das gekoppelte MCS Ladedosenmodell eine reduzierte Wärmemenge von fast 9% für den simulierten Ladevorgang. Dies entspricht einer Ersparnis von 18,5Wh. Die in Summe über die Kühlung abgeführte Wärmemenge beträgt hingegen etwas mehr als 1%.

Unter den Optimierungsmaßnahmen führen insbesondere die zusammenhängenden Stromschienen zu einer geringeren Wärmeentstehung und dadurch auch zu weniger Wärme, die an die Kühlflüssigkeit übertragen wird. Dadurch verringert sich die Kühlflüssigkeitstemperatur auf der Ausgangsseite des Kühlkanals. Dies führt zu einer geringeren Temperaturdifferenz, die in den Wärmetauschern abgeführt wird. Dem wirkt allerdings der Optimierungsansatz entgegen, die Wärmeaufnahme durch einen erhöhten Kühlvolumenstrom zu vergrößern. Dadurch wird von den Ladekomponenten mehr Wärme an die Kühlflüssigkeit übertragen, was zu einer Erhöhung der Temperatur führt. Dieser Sachverhalt wird im nächsten Kapitel der Sicherungsbox anhand eines anderen Optimierungsansatzes noch einmal aufgegriffen. Unter den drei untersuchten Verbesserungsoptionen zeigte die Maßnahme zur Verbesserung der

Wärmeleitfähigkeit durch das Wärmeleitmaterial hingegen nur eine sehr geringe Auswirkung auf die Wärmemenge während des Ladevorgangs. Bezüglich der thermischen Optimierung der MCS Ladedose stellt sich somit die Reduktion der Kontaktübergangswiderstände als besonders aussichtsreich heraus. Denkbar ist darüber hinaus noch eine Ergänzung mit den Erkenntnissen von der CCS Ladedose, bei der der Übergangswiderstand zwischen Ladestecker und Kontaktstiften reduziert wurde, beziehungsweise die thermische Masse der Stromschienen erhöht wurde.

11.4 Energiebilanz Sicherungsbox

Die Sicherungsbox ist Teil des gekoppelten Gesamtmodells zusammen mit der CCS Ladedose und der MCS Ladedose. Die Energiebilanzierung bezieht sich auf die entstehende Wärmemenge während des Ladevorgangs. Für die Analyse wurde der MCS Ladepfad ausgewählt, da er mit einem konstanten Ladestrom von 1300A die thermisch anspruchsvollere Bedingung darstellt. Durch die konstante Ladeleistung von 1MW werden innerhalb von 21,6 Minuten 360kWh Strom geladen, Gleichung 11.2. Als Umgebungsbedingungen werden erneut 25°C als Lufttemperatur und 35°C für die Kühlflüssigkeit bei einem Volumenstrom von 5,5 l/min angenommen. Dies entspricht den gleichen Bedingungen wie bei den Optimierungsansätzen aus Kapitel 9.4 und der Energiebilanzierung der MCS Ladedose aus Kapitel 11.3.

Anhand der Temperaturverläufe an den Steckern der Ausgangsseite der Sicherungsbox konnte durch die in Kapitel 9.4 beschriebenen drei Optimierungsansätze die Erwärmung zum Teil deutlich reduziert werden. Unter den Optimierungsansätzen wurden für die Energiebilanzierung jene Ansätze gewählt, die ein ausgewogenes Verhältnis zwischen thermischer Verbesserung und technischer Umsetzbarkeit versprechen. Der Ansatz zur Reduktion der Wärmeentstehung wird durch den Materialtausch der Aluminiumleiterschienen gegen Kupfer untersucht. Die Vergrößerung der Wärmeaufnahme wird über Kühlschienen aus zwei verschiedenen Materialien umgesetzt. Über die 20% tiefere Positionierung des Steckers an der Ausgangsseite der Sicherungsbox wird die Optimierung zur Wärmeleitung untersucht.

Um auch bei der Sicherungsbox eine Vergleichbarkeit des gekoppelten Gesamtmodells zu ermöglichen, beinhaltet die Systemgrenze für die Simulation alle drei zuvor beschriebenen Ladekomponenten. Die während des Ladevorgangs entstehende Wärmemenge bezieht sich dabei auf alle stromführenden Bauteile. Die über die Kühlflüssigkeit abgeführte Wärme stammt aus den drei gekoppelten Ladekomponenten. Durch die Betrachtung des gesamten gekoppelten Modells sind die Referenzwerte der Wärmemengenberechnung von der Sicherungsbox mit 207,2Wh gleich der MCS Ladedose. Auch die an die Kühlflüssigkeit abgegebene Wärme ist mit 138,2Wh identisch [186].

Tabelle 11.3: Sicherungsbox: 1300A, 360kWh, 25°C Luft, 35°C Kühlung

Sicherungsbox	Wärmemenge		Kühlung	
	[Wh]	[%]	[Wh]	[%]
Referenz	207,2	-	138,2	-
Material Stromschiene (Kupfer)	196,1	-5,4	130,0	-5,9
Zusätzliche Kühlschiene (Aluminium)	207,0	-0,1	138,3	0,1
Zum Vergleich: Kühlschiene (Kupfer)	206,9	-0,2	139,0	0,6
Steckerausgang tiefer setzen (20%)	203,5	-1,8	136,4	-1,2
Simulation mit allen Optimierungen	193,6	-6,6	129,0	-6,6

In Abbildung 9-1 sind die verwendeten Materialien für die Stromschienen eingezeichnet. In der Referenzversion des MCS Ladepfads befinden sich zwischen den Pyrosicherungen und den Steckern der Ausgangsseite der Sicherungsbox Stromschienen aus Aluminium. Diese werden zwecks Reduktion des elektrischen Widerstands durch Kupfer ersetzt. Unverändert bleiben hingegen die Aluminium Stromschienen zwischen der CCS Ladedose und den Schützen, da sie im Falle des MCS Ladens keinen Strom leiten und somit keine Auswirkung auf die Simulationsergebnisse haben. Durch den geringeren elektrischen Widerstand der Kupferschienen zeigte die Temperatursimulation aus Kapitel 9.4.1 nach einer Ladezeit von 21,6 Minuten an den Steckern eine Reduktion von 76,6°C auf 67°C. Die Simulation der Energiebilanzierung zeigt durch die niedrigere Temperatur eine Reduktion der Wärmeentstehung um 5,4%. Diese entspricht einer Einsparung von circa 10Wh innerhalb von 21,6 Minuten Ladezeit. Gleichzeitig ist dabei auch die Wärme, die an die Kühlflüssigkeit abgegeben wird, um circa 4% gesunken, was circa 6Wh entspricht.

Als zweite Optimierungsmaßnahme wurden Kühlschienen an die Stecker der Ausgangsseite der Sicherungsbox angebracht. Diese können durch die höhere thermische Masse vermehrt Wärme an den Steckern aufnehmen und über das Wärmeleitmaterial an das Gehäuse und den Kühlkanal der Sicherungsbox übertragen. Dabei standen zwei verschiedene Materialien für die Kühlschienen zur Auswahl. Die Temperatursimulationen aus Kapitel 9.4.2 zeigten nach einer Ladezeit von 21,6 Minuten in der Referenzversion eine Temperatur am Steckerausgang von über 76°C. Durch den Einsatz einer Kühlschiene aus Aluminium konnte die Temperatur auf circa 72°C reduziert werden. Die Kühlschiene aus Kupfer erreichte eine Temperatur von etwas weniger als 71°C.

Die bessere Wärmeabfuhr zeigt durch die Aluminium Kühlschienen an den Steckern der Sicherungsbox für das simulierte Gesamtmodell eine Reduktion der Wärmemenge von 0,1%. Zur Vergleichbarkeit der Werte ist auch noch eine Energiebilanzierung für Kühlschienen aus Kupfer aufgeführt. Der Wechsel auf Kupfer führt lediglich zu einer Reduktion der Wärmemenge von 0,2% im Vergleich zur Referenzversion. Die übertragene Energiemenge an die Kühlflüssigkeit nimmt beim Einsatz von Aluminiumkühlschienen um 0,1% und bei Kühlschienen aus Kupfer aufgrund der höheren Wärmeleitfähigkeit um 0,6% zu.

Auch wenn der Einsatz von Kühlschienen zu einer erkennbaren Temperaturreduktion an den Steckern der Ausgangsseite der Sicherungsbox geführt hat, so ist die Auswirkung auf die erzeugte und abgeführte Wärmemenge recht gering. Zurückzuführen ist dies auf die erhöhte thermische Masse, die als Optimierungsansatz das Ziel hat, die entstehende Wärme aufzunehmen und zwischenzuspeichern. Der recht hohe Wärmeübergangswiderstand der Kühlschienen über das Wärmeleitmaterial verhindert eine bessere Übertragung der Wärme auf den Kühlkanal.

Im Falle des Einsatzes von dieser Art von Kühlschienen in zukünftigen Fahrzeuggenerationen, sollten die Kühlschienen neben der thermischen Funktion zusätzlich auch noch eine stromleitende Funktion besitzen. Dadurch kann der elektrische Widerstand durch eine Parallelschaltung der stromleitenden Schienen weiter reduziert werden.

Um die Wärmeleitfähigkeit zu verbessern, wurde der Steckerausgang an der Sicherungsbox, wie in Kapitel 9.4.3 beschrieben, um 20% tiefer gesetzt. Dieser Optimierungsansatz reduzierte durch die kürzeren Stromschienen die Strecke der Wärmeübertragung zum Kühlkanal der Sicherungsbox und erhöhte somit die Wärmeleitung. Gleichzeitig reduzierte sich auch der elektrische Widerstand durch die kürzere Stromschiene. Die Temperatursimulation aus Kapitel 9.4.3 zeigte am Steckerausgang nach einem Ladevorgang von 21,6 Minuten von circa 76°C eine Temperaturreduktion um 2K. Die Energiebilanzierung zeigte eine um circa 1,8% reduzierte Wärmeentstehung. Die leichte Reduktion der Wärmeentstehung führte auch zu einer reduzierten Wärmemenge in der Kühlflüssigkeit von 1,2%.

Bei einer Kombination der drei Ansätze von Kupfer Stromschienen im MCS Ladepfad, Kühlschienen aus Aluminium und 20% tiefer gesetzten Steckern an der Ausgangsseite der Sicherungsbox ergibt die Simulation eine reduzierte Wärmeentstehung für das gekoppelte Simulationsmodell von 6,6%, was einer Einsparung von circa 13,6Wh entspricht. Die Wärmemenge, die in die Kühlflüssigkeit übertragen wird, ist bei dieser Kombination der drei Optimierungsansätze um circa 6,6% geringer.

Die Optimierungsmaßnahmen der Sicherungsbox zeigen auch hier das größte Optimierungspotential in dem Ansatz die Wärmeentstehung zu reduzieren. Die zusätzlichen Kühlschienen haben nur eine geringe Auswirkung auf die Energiebilanz, allerdings zögern sie effektiv die Wärmeentstehung an den Steckern an der Ausgangsseite der Sicherungsbox hinaus. Auch wenn der Beitrag des tiefer gesetzten Steckerausgangs klein ist, so handelt es sich hier um eine gut umsetzbare Möglichkeit, die Wärmeentstehung zu reduzieren und gleichzeitig Material einzusparen.

11.5 Energiebilanz Stromverteilerbox

Nachfolgend wird die Energiebilanzierung der Stromverteilerbox aufgestellt, wie bereits in Kapitel 10.1 beschrieben. Die Besonderheit dieser Ladekomponente besteht in der Möglichkeit den eingeleiteten Ladestrom sowohl auf die Batterie als auch auf die Nebenverbraucher wie beispielsweise Kühlflüssigkeitspumpen und Lüfter aufzuteilen. Die Stromverteilung richtet sich dabei nach der erforderlichen Leistung der Nebenabtriebe und der Ladekomponenten, die abhängig von den Umgebungsbedingungen geregelt werden. Aufgrund der vielfältigen Betriebszustände der Stromverteilerbox wird sie zwecks Vergleichbarkeit der Optimierungsansätze als einzelne Ladekomponente untersucht. Dadurch werden während der Simulationszeit vergleichbare realitätsnahe Bedingungen sichergestellt, die bei einer simulativen Kopplung mit anderen Ladekomponenten und variablem Kühlbedarf nicht gewährleistet wären.

Die gewählten Simulationsparameter sind die gleichen, wie die in der Ladekomponentenuntersuchung aus Kapitel 10.4 genannten. Als Ladebedingung wird ein Ladestrom von 1300A bei einer Umgebungstemperatur von 50°C und einer Kühlflüssigkeitstemperatur von 35°C bei 15,4 l/min definiert. Innerhalb von 37 Minuten wird eine Energiemenge von 600kWh übertragen, was einer vollständigen Ladung der Fahrzeugbatterie entspricht. Anschließend wird das Fahrzeug abgekühlt, bis 100 Minuten erreicht sind. Dabei führen die Lüfter und Kühlflüssigkeitspumpen weiterhin Wärme von den Ladekomponenten ab. Diese gewährleistet für alle Kühlkomponenten gleichbleibende Simulationsbedingungen während des thermisch anspruchsvollen Ladevorgangs.

Die Referenzberechnung der während des Ladevorgangs entstehenden Wärmemenge in der Stromverteilerbox sowie die an die Kühlflüssigkeit abgegebene Wärmemenge bezieht sich auf die Konfiguration mit den Modulsteckverbindungen aus Bolzen und Buchse, einem Hauptleitermaterial aus Kupfer mit einem Reinheitsgrad von 99,9% und einem unveränderten Querschnitt der stromleitenden Schienen, wie es dem aktuellen Stand der Stromverteilerbox entspricht. Die entstehende Wärme kann über die Kühlflüssigkeit aufgenommen werden, die durch den Kühlkanal der Stromverteilerbox strömt. Während der Zeit des simulierten Ladevorgangs entsteht eine Wärme in der Stromverteilerbox von 87,9Wh. In der gleichen Zeit wird durch die Kühlflüssigkeit eine Wärmemenge von 1490,4Wh aufgenommen. Im Vergleich zu den zuvor beschriebenen Ladekomponenten ist die erhöhte Wärmemenge der Kühlflüssigkeit insbesondere auf die höhere Umgebungstemperatur und auf die anschließende Abkühlphase der Ladekomponenten zurückzuführen, die für die Simulation definiert wurde.

Tabelle 11.4:   Stromverteilerbox 1300A, 600kWh, 50°C Luft, 35°C Kühlung

Stromverteilerbox	Wärme-menge		Kühlung	
	[Wh]	[%]	[Wh]	[%]
Referenz	87,9	-	1490,0	-
Schrauben statt Buchsen	79,9	-9,1	1490,1	0,0
Stromleiter Materialanpassung (Aluminium)	108,5	23,4	1496,8	0,5
Leitungsquerschnitt anpassen (+20%)	81,8	-6,9	1557,2	4,5
Simulation mit allen Optimierungen	74,7	-15,0	1618,4	8,6

Die Einzeluntersuchung des Temperaturanstiegs der Stromschiene am Modul aus Kapitel 10.4.1 zeigte durch die Änderung der Steckverbindung der Module mit Bolzen und Buchse auf die Verbindungstechnik mit einer Schraube einen stark abgeflachten Temperaturanstieg. Die Maximaltemperatur konnte dadurch von 79°C auf 72°C gesenkt werden. Die Analyse der entstandenen Wärmemenge zeigte durch die Reduktion des Kontaktwiderstands im betrachteten Zeitraum eine Einsparung von circa 8Wh. Dies entspricht einer Reduktion von 9%. Die an die Kühlflüssigkeit übertragene Wärmemenge zeigt hingegen fast keine Änderung. Der Grund liegt in der hohen thermischen Masse der Stromverteilerbox, die die Energie zwischenspeichert und nicht direkt an die Kühlflüssigkeit weitergibt.

Der zweite Optimierungsansatz für die Stromverteilerbox hatte den Fokus die Wärmeaufnahme zu vergrößern. Bei gleichbleibender Geometrie der stromleitenden Schienen wurde der Unterschied zwischen hochreinem Kupfer mit einem Reinheitsgrad von 99,99% und Aluminium EN AW Al 99,5 im Vergleich zu der Referenzversion aus Kupfer mit einem Reinheitsgrad von 99,9% untersucht. Durch die annähernd gleichen Materialwerte der beiden Kupferversionen waren auch die Temperaturverläufe annähernd identisch. Für die Untersuchung der Wärmeentstehung wurde daher Aluminium als Vergleichsmaterial ausgewählt. Dabei zeigte sich ein Anstieg der Wärmemenge um 23,4% über dem simulierten Zeitbereich. Dies ist zurückzuführen auf den höheren elektrischen Widerstand im Vergleich zu Kupfer. Zwecks Vergleichbarkeit wurden die Querschnitte der Stromschienen gleich gelassen. Dadurch bleiben auch die wärmeübertragenden Flächen der Stromschienen zum Kühlkanal gleich. Das höhere Temperaturniveau durch den Einsatz von Aluminium führt zu einem Anstieg der an die Kühlflüssigkeit abgegebenen Wärmemenge von 0,5%.

Um die Wärmeleitung der Stromschienen zu verbessern, wurde als dritte Optimierungsmaßnahme der Querschnitt aller stromleitenden Schienen um 20% vergrößert. Die Simulationswerte aus Kapitel 10.4.3 zum Temperaturverhalten der Schienen der Module konnten zwar einen leicht flacheren Temperaturanstieg aufzeigen, allerdings war der Unterschied gering. Bei der Betrachtung der gesamten Wärmeentstehung kann hingegen die Wärmemenge um circa 6,9% reduziert werden. Die übertragene Wärmemenge an die Kühlflüssigkeit hingegen steigt um 4,5%. Dies ist zurückzuführen auf den vergrößerten Leitungsquerschnitt, der durch die größere Oberfläche mehr Wärme an den Kühlkanal übertragen kann.

Als abschließende Untersuchung wird eine Kombination von allen drei Optimierungsansätzen in einer Simulation durchgeführt. Dies beinhaltet die Schraubverbindung der Modulschienen und Stromleiter aus Aluminium mit einem 20% größeren Querschnitt. Die Kombination von Aluminium und einem erhöhten Querschnitt wurde gewählt, um dem höheren elektrischen Widerstand von Aluminium gegenüber Kupfer Rechnung zu tragen. Die insgesamt erzeugte Wärmemenge kann dadurch um circa 13 Wh beziehungsweise fast 15% reduziert werden. Die Abgabe von Wärme an die Kühlflüssigkeit steigt in der gleichen betrachteten Zeit um 8,6% an.

12 Erkenntnisse und Ausblicke

Durch die Abbildung der komplexen Ladekomponenten des Hochvolt-ladepfads als eindimensionale Simulationsmodelle konnten in dieser Dissertation konkrete thermische Verbesserungsansätze aufgezeigt werden und erstmalig quantifizierbare Ergebnisse zur Energiebilanzierung bestimmt werden, die die Möglichkeit zur Berechnung von Einsparpotentialen bieten.

Die Validierung der Simulationsergebnisse der vier Ladekomponenten mit realen Messungen zeigte eine gute Übereinstimmung und bildete die Grundlage für die weiterführenden Untersuchungsmaßnahmen der thermischen Optimierungsansätze, die sich innerhalb kurzer Rechenzeit simulieren ließen.

In den einleitenden Untersuchungen wurde für jede der vier Ladekomponenten eine Einzeloptimierung durch jeweils drei verschiedene physikalische Effekte simulativ untersucht. Zum einen wurde durch jeweils eine konstruktive Maßnahme die Wärmeentstehung beim Laden reduziert. Zum anderen wurde eine Möglichkeit aufgezeigt, die Wärmeaufnahme zu vergrößern. Als dritte Variante wurde die Erhöhung der Wärmeleitung diskutiert. Dabei zeigte insbesondere die Maßnahmen zur Reduktion der Wärmeentstehung eine große Auswirkung auf die Temperatur der Ladekomponenten, deren Temperaturverlauf zuvor in dieser Detailliertheit nicht bekannt war.

Im nächsten Schritt wurden drei Ladekomponenten zu einem zusammenhängenden thermischen Gesamtmodell gekoppelt. Die Auswertung ermöglichte eine Bestimmung der entstehenden Wärme und der Wärmeübertragung an die Kühlflüssigkeit während eines Ladevorgangs sowie die thermische Beeinflussung der Ladekomponenten untereinander. Entsprechend der vorgegebenen Simulationsrandbedingungen wurde für die CCS Ladedose die Ladezeitreduktion für jede Optimierungsmaßnahme ermittelt.

Die Simulationsmodelle helfen bei der Identifizierung von Energieverlusten durch Wärmeentstehung und unterstützen eine schnellere und günstigere Prototypenentwicklung.

Neben der rein thermischen Analyse lassen sich mit den Simulationsmodellen durch die Energiebilanzierung auch konkrete Werte von Energieverbräuchen bestimmen. Durch die Multiplikation des Energieeinsparpotentials mit der

Nutzungsdauer und dem Strompreis lassen sich die Energiekosteneinsparung bestimmen und den Kosten für die Optimierungsmaßnahme in weiterführenden Untersuchungen gegenüberstellen.

Im Hinblick auf die Weiterentwicklung von zukünftigen Fahrzeuggenerationen ist der nächste empfehlenswerte Schritt, die in dieser Arbeit vorgestellten Optimierungsansätze der Ladekomponenten durch reale Tests zu validieren. Diese Kontrolle hilft dabei die Simulationsmodelle weiter zu optimieren.

Durch den modularen Thermosimulationsaufbau des elektrischen Ladepfads können weitere Ladekomponenten wie die Fahrzeugbatterie zur Gesamtsimulation hinzugefügt werden. Alternativ lassen sich auch einzelne Bauteile durch weiterentwickelte Komponenten austauschen und die thermischen Auswirkungen im Vorfeld abbilden.

In dieser Dissertation wurden bereits einige Verbesserungsansätze zur Wärmereduktion und Wärmeleitung aufgeführt, um beispielsweise lokale Hitzepunkte zu reduzieren. So dienen die hier vorgestellten Simulationsmodelle bereits als Grundlage für weiterführende Materialuntersuchungen von Stromleitern aus Kupfer und Aluminium zur thermischen Optimierung des Hochvoltladepfads.

Die gewonnenen Erkenntnisse über das thermische Verhalten der Ladekomponenten können auch auf andere elektrische Bauteile übertragen werden. Da in Zukunft ein weiterer Ladeleistungsanstieg zu erwarten ist, kann das Wissen etwa auf Ladesäulen mit dem neuen MCS Ladestandard übertragen werden. Zusätzlich bieten sich detailliertere Analysen zur Kontaktwiderstandsreduktion von konduktiven Steckverbindungen wie Ladesteckern an.

Weiterführende Anwendungsgebiete der hier vorgestellten Simulationsmodelle können beispielsweise eine eingehende Untersuchung des Optimierungspotential einer 1250V Ladetechnik gegenüber 850V sein. Bei gleicher Ladeleistung führt die höhere Spannung zu niedrigeren Ladeströmen und stellt dadurch geringere thermische Verluste in Aussicht.

Durch den elementaren Aufbau der Thermosimulation und die modulare Kopplung der Bauteile untereinander gibt es viele Einsatzgebiete für die Erkenntnisse aus dieser Dissertation.

Literaturverzeichnis

[1]   Infineon Technologies AG, „Driving the Future of Electrified Commercial Vehicles". Zugegriffen: 10. Februar 2026. [Online]. Verfügbar unter: https://community.infineon.com/t5/Blogs/Driving-the-Future-of-Electrified-Commercial-Vehicles/ba-p/916830

[2]   Daimler Truck AG, „Mercedes Benz eActros 600: Übersicht", Der neue eActros 600 – International Truck of the Year 2025. Zugegriffen: 10. Februar 2026. [Online]. Verfügbar unter: https://www.mercedes-benz-trucks.com/de/de/trucks/eactros.html

[3]   S. Schulze, „Ist Megawatt Laden die Zukunft? Potentiale, Herausforderungen und Risiken / Is megawatt charging the future? Potentials, challenges and risks", Aachen, TME (Chair for Thermodynamics of Mobile Energy Conversion Systems / Lehrstuhl für Thermodynamik mobiler Energiewandlungssysteme), RWTH Aachen University, März 2024.

[4]   Bundesnetzagentur, „E-Mobilität: Öffentliche Ladeinfrastruktur", E-Mobilität: Öffentliche Ladeinfrastruktur. Zugegriffen: 10. Februar 2026. [Online]. Verfügbar unter: https://www.bundesnetzagentur.de/DE/Fachthemen/ElektrizitaetundGas/E-Mobilitaet/start.html

[5]   C. Niemeyer, „Schnellladesäulen: Alles Wichtige über DC-Laden im Überblick", ChargeHere. Zugegriffen: 10. Februar 2026. [Online]. Verfügbar unter: https://chargehere.de/ratgeber/schnellladesaeulen-alles-wichtige-ueber-dc-laden-im-ueberblick/

[6]   LichtBlick SE, „High Power Charging als Service", Ihre Lkw-Ladestation ohne Aufwand und ohne Invest. Zugegriffen: 10. Februar 2026. [Online]. Verfügbar unter: https://www.lichtblick.de/gewerbe/e-mobilitaet/e-lkw-laden-im-depot/?keyword=lkw%20ladestation&device=c&network=g&utm_term=lkw%20ladestation&utm_campaign=OR-ALL-SN-RSA:+E-LKW+laden&utm_source=adwords&utm_medium=ppc&hsa_acc=3877558743&hsa_cam=22008664266&hsa_grp=177616520088&hsa_ad=725051971431&hsa_src=g&hsa_tgt=kwd-410299270687&hsa_kw=lkw%20ladestation&hsa_mt=p&hsa_net=adwords&hsa_ver=3&gad_source=1&gclid=EAIaIQobChMI7YSk_OfZigMVQJ6DBx1ZuiflEAAYASAAEgJ29PD_BwE

[7]   Mida EV Power Co., Ltd., „CCS Type 2.0 500A HPC 500kW", https://www.midapower.com/. Zugegriffen: 10. Februar 2026. [Online]. Verfügbar unter: https://www.midapower.com/ccs-type-2-500a-hpc-500kw-ccs2-dc-charging-cable-liquid-cooled-hpc-plug-product/

[8]   Daimler Truck AG, „Mercedes-Benz Trucks durchbricht Schallmauer beim elektrischen Laden mit 1.000 Kilowatt Leistung". Zugegriffen: 10. Februar 2026. [Online]. Verfügbar unter: https://www.daimlertruck.com/newsroom/pressemitteilung/mercedes-benz-trucks-durchbricht-schallmauer-beim-elektrischen-laden-mit-1000-kilowatt-leistung-52680179

[9]   B. Horrmeyer, „DKE Megawatt Ladestandard", Megawatt Charging System: Normung unterstützt die globale Elektrifizierung des Schwerlastverkehrs. Zugegriffen: 10. Februar 2026. [Online]. Verfügbar unter: https://www.dke.de/de/arbeitsfelder/mobility/news/megawatt-charging-system-elektrifizierung-schwerlastverkehr

[10]   R. Heckmann, „MCS – Gamechanger im Schwerlastverkehr oder eine technische Sackgasse?", MCS – Gamechanger im Schwerlastverkehr oder eine technische Sackgasse? Zugegriffen: 10. Februar 2026. [Online]. Verfügbar unter: https://de.linkedin.com/pulse/mcs-game changer-im-schwerlastverkehr-oder-eine-rebecca-heckmann-jcm7e

[11]   A. Tattin, „High Power Charging (HPC)". Zugegriffen: 10. Februar 2026. [Online]. Verfügbar unter: https://wiedergruen.com/was-bedeutet-high-power-charging-hpc/

[12]   R. Collin, Y. Miao, A. Yokochi, P. Enjeti, und A. von Jouanne, „Advanced Electric Vehicle Fast-Charging Technologies", Bd. MDPI: Energies, 15. Mai 2019.

[13]   M. Thoben, F. Sauerland, K. Mainka, S. Edenharter, und L. Beaurenaut, „Lifetime modeling and simulation of power modules for hybrid electrical/electrical vehicles", *Microelectron. Reliab.*, Bd. 54, Nr. 9–10, S. 1806–1812, Sep. 2014, doi: 10.1016/j.microrel.2014.07.009.

[14]   S. Schraven, F. Kley, und M. Wietschel, „Induktives Laden von Elektromobilen – Eine techno-ökonomische Bewertung". Fraunhofer Institut für System- und Innovationsforschung (Fraunhofer ISI), Karlsruhe, 2020. Zugegriffen: 10. Februar 2026. [Online]. Verfügbar unter: https://www.isi.fraunhofer.de/content/dam/isi/dokumente/sustainability-innovation/2010/WP8-2010_Induktive-Ladung-EV.pdf

[15]   J. Shepard, „Verwendung von CCS-Steckern zur Vereinfachung der Implementierung von sicheren Schnellladesystemen für Elektrofahrzeuge". Zugegriffen: 10. Februar 2026. [Online]. Verfügbar unter: https://www.digikey.de/de/articles/use-ccs-connectors-to-simplify-the-implementation-of-safe-ev-fast-charging-systems

[16]   OptimumOne GmbH und A. Mühlbeyer, „Vorteile der thermischen Simulation". Zugegriffen: 10. Februar 2026. [Online]. Verfügbar unter: https://www.optimum.one/infos/thermische-simulation/

[17]   Fraunhofer IWM, „Prozesskettensimulation für die Bauteilentwicklung", Prozesskettensimulation für die Bauteilentwicklung.

Zugegriffen: 10. Februar 2026. [Online]. Verfügbar unter: https://www.materials.fraunhofer.de/de/Geschaeftsfelder/Mobilitaet/pr ozesskettensimulation-fuer-die-bauteilentwicklung-.html

[18] Parametric Technology GmbH, „Thermische Analyse mit PTC Creo", Thermische Analyse. Zugegriffen: 10. Februar 2026. [Online]. Verfügbar unter: https://www.ptc.com/de/technologies/cad/simulation-and-analysis/thermal-analysis

[19] C. Stan, „Batteriebetriebene Elektroautos und Verbrennungsmotoren mit klimagerechten Kraftstoffen: ergänzen statt ersetzen", in *Klimagerechte Energieszenarien der Zukunft*, in SDG - Forschung, Konzepte, Lösungsansätze zur Nachhaltigkeit, DOI: 10.1007/978-3-662-68858-8_2. , Berlin, Heidelberg: Springer Berlin Heidelberg, 2024, S. 19–41. Zugegriffen: 10. Februar 2026. [Online]. Verfügbar unter: https://link.springer.com/10.1007/978-3-662-68858-8_2

[20] G. Babiel, „Energie als primäre Antriebsgröße", in *Elektrische Antriebe in der Fahrzeugtechnik: Lehr- und Arbeitsbuch*, G. Babiel, Hrsg., in Springer Vieweg, Wiesbaden. , Wiesbaden: Springer Fachmedien, 2014, S. 1–22. doi: 10.1007/978-3-658-03334-7_1.

[21] B. Diekmann und E. Rosenthal, „Fossile Energieträger", in *Energie: Physikalische Grundlagen ihrer Erzeugung, Umwandlung und Nutzung*, B. Diekmann und E. Rosenthal, Hrsg., Wiesbaden: Springer Fachmedien, 2014, S. 15–32. doi: 10.1007/978-3-658-00501-6_2.

[22] EnBW Energie Baden-Württemberg AG, „Großer Hebel gegen den Klimawandel: Lkw verursachen 10 % der globalen CO_2-Emissionen", E-Lkw: Hohes CO_2-Einsparpotenzial. Zugegriffen: 10. Februar 2026. [Online]. Verfügbar unter: https://www.enbw.com/media/download center-konzern/kommplus/kommplus_2022_4.pdf

[23] EnBW Energie Baden-Württemberg AG, „Mehr E-Mobilität im Lastverkehr: LKW-Ladestationen", Mehr Ladestationen für E-Lkw. Zugegriffen: 10. Februar 2026. [Online]. Verfügbar unter: https://www.enbw.com/unternehmen/themen/elektromobilitaet/e-lkw-ladestationen.html

[24] Bundesministerium für Wirtschaft und Klimaschutz (BMWK), „Energie von morgen: Wie Forschung und Förderung erfolgreich zur Energiewende beitragen". 11. April 2022. Zugegriffen: 10. Februar 2026. [Online]. Verfügbar unter: https://www.bmwk.de/Redaktion/ DE/Publikationen/Energie/energie-von-morgen.html

[25] G. W. Team, „Annual Greenhouse Gas Index (AGGI) - NOAA Global Monitoring Laboratory". Zugegriffen: 10. Februar 2026. [Online] Verfügbar unter: https://gml.noaa.gov/aggi/index.html

[26] Die Bundesregierung, „Schadstofffreie Umwelt: Herausforderungen und Wege der Transformation". Nachhaltigkeitsstrategie für

Deutschland, 28. Juni 2024. Zugegriffen: 10. Februar 2026. [Online]. Verfügbar unter: https://www.bmuv.de/fileadmin/Daten_BMU/ Download_PDF/Nachhaltige_Entwicklung/transformationsbericht_tt6 _bf.pdf

[27] Bundesumweltministerium, „Die Genfer Luftreinhaltekonvention", Die Genfer Luftreinhaltekonvention. Zugegriffen: 10. Februar 2026. [Online]. Verfügbar unter: https://www.bmuv.de/themen/luft/genfer-luftreinhaltekonvention

[28] BMWK-Bundesministerium für Wirtschaft und Klimaschutz, „Abkommen von Paris", Klimaschutz. Zugegriffen: 10. Februar 2026. [Online]. Verfügbar unter: https://www.bmwk.de/Redaktion/DE/ Artikel/Industrie/klimaschutz-abkommen-von-paris.html

[29] BMWK - Bundesministerium für Wirtschaft und Klimaschutz, „Baustein für eine klimaneutrale und wettbewerbsfähige Industrie", Baustein für eine klimaneutrale und wettbewerbsfähige Industrie. Zugegriffen: 10. Februar 2026. [Online]. Verfügbar unter: https://www.bmwk.de/Redaktion/DE/Artikel/Industrie/weitere-ent wicklung-ccs-technologien.html

[30] Bundesministerium für Wirtschaft und Klimaschutz, „Richtlinie zur Förderung von klimaneutralen Produktionsverfahren in der Industrie durch Klimaschutzverträge". 6. Juni 2023. Zugegriffen: 10. Februar 2026. [Online]. Verfügbar unter: https://www.bmwk.de/Redaktion/DE/ Downloads/F/klimaschutzvertraege-foerderrichtlinie.pdf?__blob= publicationFile&v=2

[31] Bundesministerium für Wirtschaft und Klimaschutz (BMWK) und TÜV Rheinland Consulting GmbH, „Elektro-Mobil Förderprojekte". online, Februar 2024. Zugegriffen: 10. Februar 2026. [PDF]. Verfügbar unter: https://www.bmwk.de/Redaktion/DE/Publikationen/Techno logie/elektro-mobil-programmbroschure.pdf?__blob=publicationFile &v=13

[32] Klima- und Energiefonds, I. Beyer Bartana, und H. Heinfellner, *Faktencheck E-Mobilität: Die Ökobilanz von Personenkraftwagen: Bewertung alternativer Antriebskozepte hinsichtlich CO2-Reduktionspotential und Energieeinsparung*, Bd. umweltbundesamt. in Report / Umweltbundesamt, no. REP-0763, vol. umweltbundesamt. Wien: Umweltbundesamt GmbH, 2022. Zugegriffen: 10. Februar 2026. [Online]. Verfügbar unter: https://www.klimafonds.gv.at/wp-content/uploads/2024/09/Faktencheck-E-Mobilitaet-2022.pdf

[33] Bundeszentrale für politische Bildung, „Primärenergieversorgung: Nach Energieträgern, Anteile in Prozent, Gesamtversorgung weltweit 1973 und 2022", Globalisierung: Primärenergie-Versorgung. Zugegriffen: 10. Februar 2026. [Online]. Verfügbar unter:

https://www.bpb.de/kurz-knapp/zahlen-und-fakten/globalisierung/52741/primaerenergie-versorgung/

[34] T. Pütz und M. Weiß, „Bundesinstitut für Bau-, Stadt- und Raumforschung: Wie wir uns bewegen - Elektro-PKW: Zahl der zugelassenen Fahrzeuge steigt". Zugegriffen: 10. Februar 2026. [Online]. Verfügbar unter: https://www.deutschlandatlas.bund.de/DE/Karten/Wie-wir-uns-bewegen/111-Elektroautos-Pkw-Bestand.html#_m7ef38sne

[35] ADAC e.V., „PKW-Neuzulassungen November 2024: E-Autos und Verbrenner", Anzahl Elektroautos in Deutschland seit 2017. Zugegriffen: 10. Februar 2026. [Online]. Verfügbar unter: https://www.adac.de/news/neuzulassungen-kba/

[36] J. Sanchez, „E-Lkws in Deutschland: Eine Übersicht". Zugegriffen: 10. Februar 2026. [Online]. Verfügbar unter: https://meenergy.earth/magazin/uebersicht-elkw

[37] C. Werwitzke, „Zulassungen von E-Nutzfahrzeugen: Das Europa der zwei Geschwindigkeiten". Zugegriffen: 10. Februar 2026. [Online]. Verfügbar unter: https://www.electrive.net/2024/02/08/zulassungen-von-e-nutzfahrzeugen-das-europa-der-zwei-geschwindigkeiten/

[38] A. Mannweiler, „E-Lastkraftwagen: Die leisen 42-Tonner rollen langsam an", E-Lastkraftwagen. Zugegriffen: 10. Februar 2026. [Online]. Verfügbar unter: https://www.tagesschau.de/wirtschaft/mercedes-lkw-elektro-eactros600-100.html

[39] P. Sánchez Molina, „Preise für Batteriespeicher sinken in diesem Jahr um 14 Prozent", BloombergNEF. Zugegriffen: 10. Februar 2026. [Online]. Verfügbar unter: https://www.pv-magazine.de/2023/12/01/bloombergnef-preise-fuer-batteriespeicher-sinken-in-diesem-jahr-um-14-prozent/

[40] Daimler Truck AG, „Mercedes-Benz Trucks feiert Weltpremiere des batterieelektrischen Fernverkehrs-LKW eActros 600". Zugegriffen: 10. Februar 2026. [Online]. Verfügbar unter: https://www.daimlertruck.com/newsroom/pressemitteilung/mercedes-benz-trucks-feiert-weltpremiere-des-batterieelektrischen-fernverkehrs-lkw-eactros-600-52428265

[41] Daimler Truck AG, „Mercedes-Benz Trucks eActros 600: Technische Daten". Zugegriffen: 10. Februar 2026. [Online]. Verfügbar unter: https://www.mercedes-benz-trucks.com/de/de/trucks/eactros-600.html#eactros600_technical-data.html

[42] Bundesamt für Strahlenschutz, „Basiswissen Elektrische Energieübertragung: Was sind Hochspannungsleitungen?" Zugegriffen: 10. Februar 2026. [Online] Verfügbar unter: https://

www.bfs.de/DE/themen/emf/netzausbau/basiswissen/einfuehrung/einf
uehrung_node.html

[43] Elektro-Material AG und R. Weichelt, „Funktion einer Ladestation".
      Zugegriffen: 10. Februar 2026. [Online]. Verfügbar unter:
      https://elektro-material.ch/de/cms/blog/was-macht-eigentlich-eine-
      ladestation

[44] myenergi GmbH, „AC- und DC-Laden: Unterschiede, Vorteile und
      Anwendungen". Zugegriffen: 10. Februar 2026. [Online]. Verfügbar
      unter: https://www.myenergi.com/de/blog/ac-und-dc-laden-unterschie
      de-vorteile-und-anwendungen/

[45] Jungheinrich AG, „Li-Ionen-Akku: Aufbau & Funktion". Zugegriffen:
      10. Februar 2026. [Online]. Verfügbar unter: https://www.jh-
      profishop.de/profi-guide/lithium-ionen-akku-aufbau-und-funktion/

[46] The Mobility House GmbH, „Schnellladestationen Schnelles Laden mit
      DC-Strom", Schnellladestationen Schnelles Laden mit DC-Strom.
      Zugegriffen: 10. Februar 2026. [Online]. Verfügbar unter:
      https://www.mobilityhouse.com/de_de/ladestationen/dc-lade
      stationen.html

[47] EVBox GmbH, „Schnellladestationen für Elektroautos". Zugegriffen:
      10. Februar 2026. [Online]. Verfügbar unter: https://evbox.com/de-
      de/ladestationen/schnellladestationen

[48] EV EXPERT S.R.O., „Bordladegerät für Elektroautos". Zugegriffen:
      10. Februar 2026. [Online]. Verfügbar unter: https://www.
      evexpert.eu/de/eshop1/wissenszentrum/bordladegerat-fur-elektroautos
      ?srsltid=AfmBOooVMh_YOSaOtw0kXV0rTXWcrZQobi_6czWeyG
      glZV6GJ7YR-LBV

[49] EVBox GmbH, „Was ist der Unterschied zwischen AC und DC
      Laden?" Zugegriffen: 10. Februar 2026. [Online]. Verfügbar unter:
      https://evbox.com/de-de/fast-charger-2/

[50] bvse: Fachverband Schrott, E-Schrott und KFK-Recycling, J. Lacher,
      und M. Ziss, „Neue Studie prognostiziert Durchbruch von E-LKW vor
      dem Jahr 2030". Zugegriffen: 10. Februar 2026. [Online]. Verfügbar
      unter: https://www.bvse.de/schrott-elektronikgeraete-recycling/nach
      richten-schrott-eschrott-kfz/11129-neue-studie-prognostiziert-
      durchbruch-von-e-lkw-vor-dem-jahr-2030.html

[51] ACEA - European Automobile Manufacturers' Association, „Around
      one out of every eight EU public chargers is a fast charger".
      Zugegriffen: 10. Februar 2026. [Online]. Verfügbar unter:
      https://www.acea.auto/figure/around-one-out-of-every-eight-eu-
      public-chargers-is-a-fast-charger/

[52] D. Bönnighausen, „Rund 7.000 CCS-Ladestandorte in Europa
      verfügbar (Jahr 2019)". Zugegriffen: 10. Februar 2026. [Online].

Verfügbar unter: https://www.electrive.net/2019/05/20/rund-7-000-ccs-ladestandorte-in-europa-verfuegbar/

[53] J. Schofield, „CCS Charging Map – CCS charging points around the world - CharIN", CCS charging points around the world. Zugegriffen: 10. Februar 2026. [Online]. Verfügbar unter: https://www.charin.global/technology/dashboard/

[54] electrive.net, „900.000 Ladepunkten in Europa". Zugegriffen: 10. Februar 2026. [Online]. Verfügbar unter: https://www.electrive.net/2024/08/29/europa-ueberspringt-marke-von-900-000-ladepunkten/

[55] Bundesministerium für Digitales und Verkehr (BMDV), „Masterplan Ladeinfrastruktur II der Bundesregierung", Okt. 2022, Zugegriffen: 10. Februar 2026. [Online]. Verfügbar unter: https://bmdv.bund.de/SharedDocs/DE/Anlage/G/masterplan-ladeinfrastruktur-2.pdf?__blob=publicationFile

[56] EVBoosters, „Europe surpasses 900.000+ Public EV Charge Points", https://evboosters.com/. Zugegriffen: 10. Februar 2026. [Online]. Verfügbar unter: https://evboosters.com/ev-charging-news/europe-surpasses-900-000-public-ev-charge-points/

[57] ACEA - European Automobile Manufacturers' Association, „EU needs 8 times more charging points per year by 2030 to meet CO2 targets". Zugegriffen: 10. Februar 2026. [Online]. Verfügbar unter: https://www.acea.auto/press-release/electric-cars-eu-needs-8-times-more-charging-points-per-year-by-2030-to-meet-co2-targets/

[58] Das Europäische Parlament und der Rat der Europäischen Union, „Richtlinie 2014/94/EU des Europäischen Parlaments und des Rat der Europäischen Union: Über den Aufbau der Infrastruktur für alternative Kraftstoffe", *Amtsbl. Eur. Union*, Okt. 2014, Zugegriffen: 10. Februar 2026. [Online]. Verfügbar unter: https://eur-lex.europa.eu/legal-content/DE/TXT/PDF/?uri=CELEX:32014L0094

[59] Bundesministerium für Justiz, „Ladesäulenverordnung (LSV): Verordnung über technische Mindestanforderungen an den sicheren und interoperablen Aufbau und Betrieb von öffentlich zugänglichen Ladepunkten für elektrisch betriebene Fahrzeuge". Zugegriffen: 10. Februar 2026. [Online]. Verfügbar unter: https://www.gesetze-im-internet.de/lsv/BJNR045700016.html

[60] DIN - Deutsches Institut für Normung, „DIN EN IEC 62196-2: 2024-03: Stecker, Steckdosen, Fahrzeugkupplungen und Fahrzeugstecker - Konduktives Laden von Elektrofahrzeugen - Teil 2: Maßliche Kompatibilitätsanforderungen an Wechselspannungssteckvorrichtungen mit Stiften und Buchsen (IEC 62196-2:2022); Deutsche Fassung EN IEC 62196-2: 2022". Zugegriffen: 10. Februar 2026. [Online].

Verfügbar unter: https://www.dinmedia.de/de/norm/din-en-iec-62196-2/374392685

[61]   GoingElectric, „CCS Typ 2 Signalisierung und Steckercodierung". Zugegriffen: 10. Februar 2026. [Online]. Verfügbar unter: https://www.goingelectric.de/wiki/Typ2-Signalisierung-und-Steckercodierung/

[62]   Wikipedia, „IEC 62196: Aufbau: Typ-2-Stecker", *Wikipedia*. 30. Juli 2025. Zugegriffen: 10. Februar 2026. [Online]. Verfügbar unter: https://de.wikipedia.org/wiki/IEC_62196_Typ_2

[63]   DIN - Deutsches Institut für Normung, „DIN EN IEC 62196-3: 2024-03: Stecker, Steckdosen und Fahrzeugsteckvorrichtungen - Konduktives Laden von Elektrofahrzeugen - Teil 3: Maßliche Kompatibilitätsanforderungen an Fahrzeugsteckvorrichtungen mit Stiften und Buchsen für Gleichstrom und kombiniert für Gleich- und Wechselstrom (IEC 62196-3:2022); Deutsche Fassung EN IEC 62196-3: 2022", DIN EN IEC 62196-3: 2024-03 / VDE 0623-5-3: 2024-03. Zugegriffen: 10. Februar 2026. [Online]. Verfügbar unter: https://www.dinmedia.de/de/norm/din-en-iec-62196-3/374462021

[64]   CHARGE-V GmbH, „Der CHARGE-V SMART 500 ist eine leistungsstarke Ladesäule mit zwei DC-Ladepunkten." Zugegriffen: 10. Februar 2026. [Online]. Verfügbar unter: https://www.charge-v.com/ladesäule-smart500

[65]   ABB Asea Brown Boveri Ltd, „High Power Schnellladestation von ABB mit bis zu 500kW", Electric Vehicle Charging Infrastructure. Zugegriffen: 10. Februar 2026. [Online]. Verfügbar unter: https://new.abb.com/ev-charging/de/high-power-schnellladestation

[66]   Phoenix Contact GmbH & Co. KG, „DC-Ladekabel für CCS", CHARX PT2C-DC375-8,0MES00P - DC-Ladekabel. Zugegriffen: 10. Februar 2026. [Online]. Verfügbar unter: https://www.phoenixcontact.com/de-de/produkte/dc-ladekabel-charx-pt2c-dc375-80mes00p-1531908

[67]   Amtsblatt der Europäischen Union und Europäische Parlament und der Rat der Europäischen Union, *Verordnung (EG) Nr. 561/2006, des Europäischen Parlaments und des Rates, zur Harmonisierung bestimmter Sozialvorschriften im Straßenverkehr und zur Änderung der Verordnungen (EWG) Nr. 3821/85 und (EG) Nr. 2135/98 des Rates sowie zur Aufhebung der Verordnung (EWG) Nr. 3820/85 des Rates,* Bd. L 102/1. 2006, S. 13.

[68]   Technische Universität München Lehrstuhl für Fahrzeugtechnik, G. Balke, J. Schneider, M. Zähringer, T. Junior, und M. Lienkamp, „Nefton Projekt: Elektrifizierung des Güterverkehrs: Technologien und Handlungsempfehlungen". Zugegriffen: 10. Februar 2026. [Online]. Verfügbar unter: https://nefton.de/

[69] DIN - Deutsches Institut für Normung, „DIN EN IEC 61851-23; VDE 0122-2-3: Konduktive Ladesysteme für Elektrofahrzeuge - Teil 23: Gleichstromladestationen für Elektrofahrzeuge". Zugegriffen: 10. Februar 2026. [Online]. Verfügbar unter: https://www.din.de/de/wdc-beuth:din21:295051711

[70] DIN - Deutsches Institut für Normung, „DIN EN IEC 61851-23-3: Konduktive Ladesysteme für Elektrofahrzeuge - Teil 23-3: Gleichstromversorgungseinrichtungen für Elektrofahrzeuge für Megawatt-Ladesysteme". Zugegriffen: 10. Februar 2026. [Online]. Verfügbar unter: https://www.din.de/de/wdc-beuth:din21:373879568

[71] DIN - Deutsches Institut für Normung, „DIN EN IEC 63379 TS (Technische Spezifikationen): Konduktives Laden von Elektrofahrzeugen - Fahrzeugstecker, Fahrzeugkupplung und Kabelmontage für Megawatt Gleichstromladung (MCS)". Zugegriffen: 10. Februar 2026. [Online]. Verfügbar unter: https://www.iec.ch/ords/f?p=103:38: 601899860126498::::FSP_ORG_ID,FSP_APEX_PAGE,FSP_PROJE CT_ID:1426,23,104799

[72] Stäubli Electrical Connectors AG, „E-Mobility: Mehrpolige Steckverbinder: Megawatt Charging System (MCS)". 2025. Zugegriffen: 10. Februar 2026. [PDF]. Verfügbar unter: https://www.staubli.com/content/dam/ccs/catalogs-brochures/EMOB/ EMOB-MCS-Charging-11014001-de.pdf

[73] LEIFIphysik, „Elektrische Stromstärke und die Einheit Ampere", Elektrische Stromstärke und die Einheit Ampere. Zugegriffen: 10. Februar 2026. [Online]. Verfügbar unter: https://www.leifiphysik.de/ elektrizitaetslehre/elektrische-grundgroessen/grundwissen/elektrische-stromstaerke-und-die-einheit-ampere

[74] Siemens Stiftung 2015, „Elektrischer Strom und Energie – Physikalische Grundlagen und Modelle". 2015. Zugegriffen: 30. November 2025. [Online]. Verfügbar unter: https://www.schulportal-thueringen.de/tip/resources/medien/35000?dateiname=Elektrischer_St rom_und_Energie_-_Physikalische_Grundlagen_und_Modelle_ccbys a4.pdf

[75] GINO AG, „Temperaturkoeffizient des Widerstands". Zugegriffen: 10. Februar 2026. [Online]. Verfügbar unter: https://www.gino-ag.com/de/unternehmen/lexikon/temperaturkoeffizient-tk-des-wider stands/

[76] LEIFIphysik, „Elektrischer Widerstand und die Einheit Ohm". Zugegriffen: 10. Februar 2026. [Online]. Verfügbar unter: https://www.leifiphysik.de/elektrizitaetslehre/elektrische-grund groessen/grundwissen/elektrischer-widerstand-und-die-einheit-ohm

[77] LEIFIphysik, „Spezifischer Widerstand". Zugegriffen: 10. Februar 2026. [Online]. Verfügbar unter: https://www.leifiphysik.de/elektrizitaetslehre/ohmsches-gesetz-kennlinien/grundwissen/spezi fischer-widerstand

[78] Philipps-Universität Marburg Mathematik, „Integralrechnung: Elektrische Leistung". Zugegriffen: 10. Februar 2026. [Online]. Verfügbar unter: https://www.mathematik.uni-marburg.de/~lohoefer/pharma/kap-6-ws03.pdf

[79] PRISMICA, S.L., „Was ist elektrische Leistung und wie wird sie berechnet?" Zugegriffen: 10. Februar 2026. [Online]. Verfügbar unter: https://www.ledkia.com/blog/de/was-ist-elektrische-leistung-und-wie-wird-sie-berechnet/

[80] J. Krings, „Thermal improvement of CCS inlet (Part 1)", gehalten auf der EMEA xEV Thermal Management Innovation Summit 2024, 02.-03.12.2025, Stuttgart, 2. Dezember 2024. Zugegriffen: 10. Februar 2026. [Online]. Verfügbar unter: https://xevthermalmanagement.com/news/

[81] T. Israel, S. Großmann, und J. Song, „Verhalten von Hochstrom-Steckverbindungen mit Kontaktelementen bei kurzer Strombelastung (S. 12-13 und S.61-62)", publizierte Version / Verlagsversion, Technische Universität Dresden, Dresden, 2020. Zugegriffen: 10. Februar 2026. [Online]. Verfügbar unter: https://tud.qucosa.de/api/qucosa%3A73095/attachment/ATT-0/

[82] UHRIG Energie GmbH, „Konduktion Mechanischer Wärmetransport durch Teilchenkontakt". Zugegriffen: 10. Februar 2026. [Online]. Verfügbar unter: https://www.uhrig-bau.eu/lexikon/konduktion/

[83] tec-science, „Wärmeleitung in Feststoffen und idealen Gasen", Wärmeleitung in Feststoffen und idealen Gasen. Zugegriffen: 10. Februar 2026. [Online]. Verfügbar unter: https://www.tec-science.com/de/thermodynamik-waermelehre/waerme/warmeleitung-in-feststoffen/

[84] A. Griesinger, „ZFW Akademie Physical Basics", gehalten auf der Thermal Management in Electronics – Physical Basics, Stuttgart, 5. Dezember 2024. Zugegriffen: 5. Dezember 2024. [Online]. Verfügbar unter: www.zfw-stuttgart.de

[85] Selfmade Energy und B. Stippe, „Konduktion: Wie nutzen Wärmepumpen die Wärmeleitung?" Zugegriffen: 10. Februar 2026. [Online]. Verfügbar unter: https://solarwissen.selfmade-energy.com/konduktion-was-ist-das/

[86] Universität Ulm und Y. Kristen, „Zweiter Hauptsatz der Thermodynamik". Zugegriffen: 10. Februar 2026. [Online]. Verfügbar

unter: https://www.uni-ulm.de/fileadmin/website_uni_ulm/nawi.inst. 251/Didactics/thermodynamik/INHALT/HS2.HTM

[87] J.-P. Huang, *Theoretical thermotics: transformation thermotics and extended theories for thermal metamaterials*. Singapore: Springer, 2020.

[88] C. Borgnakke, *Fundamentals of Thermodynamics, 11th Edition*, 11th Edition. Wiley, 2024. Zugegriffen: 10. Februar 2026. [Online]. Verfügbar unter: https://www.wiley.com/en-us/Fundamentals+of+ Thermodynamics%2C+11th+Edition-p-9781394212927

[89] H. Herwig, *Wärmeübertragung A-Z: Systematische und ausführliche Erläuterungen wichtiger Größen und Konzepte*. in Springer eBook Collection Computer Science and Engineering. Berlin, Heidelberg s.l: Springer Berlin Heidelberg, 2000. doi: 10.1007/978-3-642-56940-1.

[90] Dr.-Ing. J. Meinert, „Technische Thermodynamik / Energielehre Formelsammlung", 31. August 2009. Zugegriffen: 10. Februar 2026. [Online]. Verfügbar unter: https://www.thm.de/me/images/user/ moeller-63/Download/TTD_Formelsammlung.pdf

[91] tec-science, „Wärmeübergangskoeffizient für Konvektion", Wärmeübergangskoeffizient für Konvektion. Zugegriffen: 10. Februar 2026. [Online]. Verfügbar unter: https://www.tec-science.com/de/ thermodynamik-waermelehre/waerme/warmeubergangskoeffizient- fur-konvektion/

[92] P. Stephan *u. a.*, Hrsg., *VDI-Wärmeatlas: 12. Auflage*, 12. Auflage. in Springer Reference Technik. Berlin [Heidelberg]: Springer Vieweg, 2019. Zugegriffen: 10. Februar 2026. [Online]. Verfügbar unter: https://www.google.de/books/edition/VDI_W%C3%A4rmeatlas/miy- DwAAQBAJ?hl=de&gbpv=0

[93] D. Schmidt, *Technische Mathematik Kältetechnik*, 2., Aktualisierte und Überarbeitete Auflage. Berlin: VDE Verlag GmbH, 2021. Zugegriffen: 10. Februar 2026. [Online]. Verfügbar unter: https://www.vde- verlag.de/buecher/leseprobe/9783800753505_PROBE_01.pdf

[94] tec-science, „Thermodynamische Herleitung des Stefan-Boltzmann- Gesetzes", Thermodynamische Herleitung des Stefan-Boltzmann- Gesetzes. Zugegriffen: 10. Februar 2026. [Online]. Verfügbar unter: https://www.tec-science.com/de/thermodynamik-waermelehre/temp eratur/thermodynamische-herleitung-des-stefan-boltzmann-gesetzes/

[95] Rainald, Herbert Weidner, und Bleckneuhaus, „Wärmestrahlung: Berechnung", *Wikipedia*. 21. August 2025. Zugegriffen: 10. Februar 2026. [Online]. Verfügbar unter: https://de.wikipedia.org/wiki/ W%C3%A4rmestrahlung

[96] A. Heintz, *Thermodynamik: Grundlagen und Anwendungen - Wärmestrahlung*, 2. Aufl. Berlin, Heidelberg: Springer Berlin Heidelberg, 2017. doi: 10.1007/978-3-662-49922-1.

[97] J. Krings, „CCS Charging Inlet Improvement and Thermal Simulation for Electric Vehicles at high Charging Currents", gehalten auf der 3rd European EV Thermal Management Summit 2025, 12.-13.06.2025, Düsseldorf, 12. Juni 2025. Zugegriffen: 10. Februar 2026. [Online]. Verfügbar unter: https://www.ecv-events.com/pub/news/detail?news_id=502

[98] Schirdewahn, „Wärmeleitfähigkeit λ verschiedener Materialien", Feb. 2004, Zugegriffen: 10. Februar 2026. [Online]. Verfügbar unter: http://dschirdewahn.de/Leitfaehigkeit.pdf

[99] AdSimuTec GmbH, „Thermodynamik: Wärmeübertragung im Kontaktbereich". Zugegriffen: 10. Februar 2026. [Online]. Verfügbar unter: https://adsimutec.com/de/fem-cfd-simulation-dienstleistung/thermodynamik/kontaktwaermeuebertragung

[100] Hochschule für Angewandte Wissenschaften-FH München: Fakultät Feinwerk- und Mikrotechnik, Physikalische Technik, O. Wallrapp, und E. Pankiewicz, „Modellbildung und Simulation mit Praktikum", München, 3. März 2011. Zugegriffen: 10. Februar 2026. [Online]. Verfügbar unter: https://www.yumpu.com/de/document/read/2083402/u-hochschule-munchen

[101] TWI Ltd, „Was ist Simulation?" Zugegriffen: 10. Februar 2026. [Online]. Verfügbar unter: http://live-twi.cloud.contensis.com/locations/deutschland/was-wir-tun/haeufig-gestellte-fragen/was-ist-simulation.aspx

[102] F. P. Incropera, D. P. DeWitt, T. L. Bergman, und A. S. Lavine, Hrsg., *Fundamentals of heat and mass transfer*, 6. ed. Hoboken, NJ: Wiley, 2007.

[103] T. Azoui, P. Tounsi, und J.-M. Dorkel, „Innovative methodology to extract dynamic compact thermal models: Application to power devices", *Microelectron. J.*, Bd. 43, Nr. 9, S. 642–648, Okt. 2011, doi: 10.1016/j.mejo.2011.09.005.

[104] „Lumped-element model", *Wikipedia*. 4. Juni 2025. Zugegriffen: 10. Februar 2026. [Online]. Verfügbar unter: https://en.wikipedia.org/wiki/Lumped-element_model

[105] A. Griesinger, „ZFW (Zentrum für Wärmemanagement): Kompaktkonferenz Wärmemanagement", gehalten auf der Kompaktkonferenz Wärmemanagement, Stuttgart, 13. Februar 2025. Zugegriffen: 10. Februar 2026. [Online]. Verfügbar unter: www.zfw-stuttgart.de

[106] A. Pakari und S. Ghani, „Comparison of 1D and 3D heat and mass transfer models of a counter flow dew point evaporative cooling system: Numerical and experimental study", *Int. J. Refrig.*, Bd. 99, S. 114–125, Feb. 2019, doi: 10.1016/j.ijrefrig.2019.01.013.

[107] S. Buchholz, S. Palazzo, A. Papukchiev, und M. Scheurer, *Entwicklung und Validierung dreidimensionaler CFD Verfahren für Anwendungen in der Reaktorsicherheit: Abschlussbericht*. in GRS, no. 375. Köln: GRS, 2016.

[108] E. Andresen, „CFD-Simulationen zur Ermittlung aerodynamischer Kraftbeiwerte", Bergische Universität Wuppertal, Oktober 2014. Zugegriffen: 10. Februar 2026. [Online]. Verfügbar unter: https://www.asim.uni-wuppertal.de/fileadmin/bauing/asim/Thesen/ EA_masterthesis_ueberarbeitet.compressed.pdf

[109] S. Merkle, „Simulation: FEM vs. CFD - Wann welche Methode geeignet ist", konstruktionspraxis. Zugegriffen: 10. Februar 2026. [Online]. Verfügbar unter: https://www.konstruktionspraxis.vogel.de/ fem-vs-cfd-wann-welche-methode-geeignet-ist-a-8b9f71d5db8574b5f 609029bed13acbe/

[110] M. J. und P. Birken, „CFD (Computational Fluid Dynamics) Numerische Strömungsmechanik", *Wikipedia*. 12. August 2025. Zugegriffen: 10. Februar 2026. [Online]. Verfügbar unter: https:// de.wikipedia.org/wiki/Numerische_Str%C3%B6mungsmechanik

[111] G. Mallet, P. Leray, H. Polaert, C. Tolant, und P. Eudeline, „Dynamic Compact Thermal Model with Neural Networks for Radar Applications", *Proc. 12th Int. Workshop Therm. Investig. ICs THERMINIC 2006 P 118-122*, Sep. 2006.

[112] W. Kirchgässner, O. Wallscheid, und J. Böcker, „Thermal neural networks: Lumped-parameter thermal modeling with state-space machine learning", *Eng. Appl. Artif. Intell.*, Bd. 117, S. 105537, Jan. 2023, doi: 10.1016/j.engappai.2022.105537.

[113] D. S. Falcão, P. J. Gomes, V. B. Oliveira, C. Pinho, und A. M. F. R. Pinto, „1D and 3D numerical simulations in PEM fuel cells", *Int. J. Hydrog. Energy*, Bd. 36, Nr. 19, S. 12486–12498, Juli 2011, doi: 10.1016/j.ijhydene.2011.06.133.

[114] H. Neumann, S. Gamisch, und S. Gschwander, „Comparison of RC-model and FEM-model for a PCM-plate storage including free convection", *Appl. Therm. Eng.*, Bd. 196, Sep. 2021, doi: 10.1016/j.applthermaleng.2021.117232.

[115] Y. Zhang, J. Jian, G. Wang, Y. Jia, und J. Zhang, „Research on Vehicle Aerodynamics and Thermal Management Based on 1D and 3D Coupling Simulation", *Energies*, Bd. 15, Nr. 18, S. 6783, Sep. 2022, doi: 10.3390/en15186783.

[116] D. Karimi, H. Behi, M. Akbarzadeh, J. V. Mierlo, und M. Berecibar, „Holistic 1D Electro-Thermal Model Coupled to 3D Thermal Model for Hybrid Passive Cooling System Analysis in Electric Vehicles", *MPDI Multidiscip. Digit. Publ. Inst. Energ.*, Bd. 14, Nr. 18, Art. Nr. 18, Sep. 2021, doi: 10.3390/en14185924.

[117] R. Kaiser, Y. Mochkaai, und M. Olesen, „Optimierung von Abgasanlagen mit gekoppelter 1D/3D-Simulation", *MTZ - Mot. Z.*, Bd. 66, Nr. 4, S. 260–267, Apr. 2005, doi: 10.1007/BF03226731.

[118] The MathWorks, „MATLAB". Zugegriffen: 10. Februar 2026. [Online]. Verfügbar unter: https://de.mathworks.com/products/matlab.html

[119] The MathWorks, „MATLAB Simulink – Simulation und Model-Based Design". Zugegriffen: 10. Februar 2026. [Online]. Verfügbar unter: https://de.mathworks.com/products/simulink.html

[120] The MathWorks, „MATLAB Simscape". Zugegriffen: 10. Februar 2026. [Online]. Verfügbar unter: https://de.mathworks.com/products/simscape.html

[121] ZVEI - Zentralverband Elektrotechnik und Elektroindustrie e.V., „Technischer Leitfaden 0101 Thermosimulationsmodelle". Juli 2024. Zugegriffen: 10. Februar 2026. [Online]. Verfügbar unter: https://www.zvei.org/fileadmin/user_upload/Presse_und_Medien/Publ ikationen/2020/Maerz/ZVEI_TLF_technischer_Leitfaden_0101_Ther mosimulationsmodelle/ZVEI-TLF-technischer_Leitfaden-0101-Thermosimulation-Juli-2020.pdf

[122] R. Schacht, „Entwurf und Simulation von Makromodellen zur transienten Simulation von thermo-elektrischen Kopplungen in einem Netzwerksimulator", Dissertation, Technische Universität Berlin: Fakultät IV - Elektrotechnik und Informatik, Berlin, 2002. Zugegriffen: 10. Februar 2026. [Online]. Verfügbar unter: https://webdoc.sub.gwdg.de/ebook/diss/2003/tu-berlin/diss/2002/schacht_ralph.pdf

[123] J. Struckmeier, „Mathematische Modellierung und Simulation", Universität Hamburg: Fachbereich Mathematik, 2005. Zugegriffen: 10. Februar 2026. [Online]. Verfügbar unter: https://www.math.uni-hamburg.de/home/struckmeier/modsim/Kap1.pdf

[124] S. J. Schäfer, „Dynamische Simulation zur thermodynamischen Analyse einer Wasserstofftankstelle", Dissertation, Technischen Universität München, Fakultät für Maschinenwesen, 2018. Zugegriffen: 10. Februar 2026. [Online]. Verfügbar unter: https://mediatum.ub.tum.de/doc/1443618/1443618.pdf

[125] N. Lorenz, „Vereinfachtes eindimensionales Modell zur Simulation der Erderwärmung durch anthropogenes Kohlenstoffdioxid", Dissertation, Otto-von-Guericke-Universität Magdeburg, Magdeburg, 2012.

Zugegriffen: 10. Februar 2026. [Online]. Verfügbar unter: https://opendata.uni-halle.de/bitstream/1981185920/11583/1/Lorenz_Nadine_Dissertation.pdf

[126] J. Krings, „Thermische und elektrische Integration des MCS-Ladens auf der Fahrzeugseite durch Simulationsanalyse", gehalten auf der ECPE / Cluster-Seminar: Megawatt-Laden – Ladeinfrastruktur für schwere Nutzfahrzeuge, Sindelfingen, 21. November 2023. Zugegriffen: 10. Februar 2026. [Online]. Verfügbar unter: https://www.clusterle.de/index.php?eID=dumpFile&t=f&f=37557&token=5a801ed02a724b557cec450a1f7f4ef9007219c1

[127] *DIN EN IEC 62196-1:2022: Stecker, Steckdosen, Fahrzeugkupplungen und Fahrzeugstecker - Konduktives Laden von Elektrofahrzeugen - Teil 1: Allgemeine Anforderungen*, Norm, Berlin., 2022.

[128] Daimler Truck AG, „Testdaten Lade-Temperaturverhalten für Simulationsvalidierung von CCS Ladedose: Fahrzeug V46, 11.09.2023".

[129] J. Krings, H.-C. Reuss, P. Ziegler, und P. Steinmetz, „Optimization of thermal conduction of high-voltage charging sockets through thermal simulation to reduce the charging time of electric vehicles", in *2024 Energy Conversion Congress: Expo Europe (ECCE Europe)*, Darmstadt, Germany: IEEE, Sep. 2024, S. 1–6. doi: 10.1109/ECCE Europe62508.2024.10751987.

[130] M. Vidmar, *Vorlesungen über die wissenschaftlichen Grundlagen der Elektrotechnik*. Berlin, Heidelberg s.l: Springer Berlin Heidelberg, 1928. doi: 10.1007/978-3-642-52626-8.

[131] *DIN EN IEC 62196-1:2022: Teil 1: Allgemeine Anforderungen: Steckerkräfte: Kapitel 16.16: maximal 100N*, Norm, Berlin., 2022.

[132] TE Connectivity, „TE Connectivity: CCS Charging Inlets". September 2021. Zugegriffen: 10. Februar 2026. [Online]. Verfügbar unter: https://www.te.com/content/dam/te-com/documents/industrial-and-commercial-transportation/global/te-ict-charging-inlets-flyer-final.pdf

[133] TE Connectivity, „TE Connectivity: CCS1 und CCS2 Ladedosen für Nutzfahrzeuge", Ladedosen für Nutz- und Industriefahrzeuge. Zugegriffen: 10. Februar 2026. [Online]. Verfügbar unter: https://www.te.com/de/products/connectors/automotive-connectors/intersection/charging-inlet-connectors.html

[134] Nanjing JUSWIN New Energy Technology Co., Ltd, „CCS-Combo-2-Steckverbinder, Steck- und Ziehkräfte", CCS-Combo-2-Steckverbinder. Zugegriffen: 10. Februar 2026. [Online]. Verfügbar unter: https://de.juswinnewenergy.com/ev-connector/ccs-combo-2-connector.html

[135] J. Krings, „CCS Charging Inlet Improvement and Thermal Simulation for electric vehicles at high charging currents", gehalten auf der The European Commercial Vehicle Decarbonization and Sustainability Summit 2025, 19.-20.03.2025, Düsseldorf, 20. März 2025. Zugegriffen: 10. Februar 2026. [Online]. Verfügbar unter: https://www.ecv-events.com/pub/news/detail?news_id=451

[136] Springer-Verlag GmbH Deutschland und G. Walz, „Trigonometrie", Trigonometrie. Zugegriffen: 10. Februar 2026. [Online]. Verfügbar unter: https://www.spektrum.de/lexikon/mathematik/trigonometrie/10441

[137] MISUMI Europa GmbH, „Reibung und Reibungskoeffizient - Reibwerte von Materialien ermitteln". Zugegriffen: 10. Februar 2026. [Online]. Verfügbar unter: https://de.misumi-ec.com/de/techblog/allgemeine-informationen/reibung-und-trockenreibungskoeffizient-reibwerte-von-materialien-ermitteln/

[138] J. Krings, „Heat loss reduction at high charging currents at charging inlets of electric vehicles", gehalten auf der Thermal Management Expo Europe 2024, 03.-05.12.2024, Stuttgart, 3. Dezember 2024. Zugegriffen: 10. Februar 2026. [Online]. Verfügbar unter: https://www.thermalmanagementexpo-europe.com/assets/resources/shared/pdfs/conference/Conference%20Agenda%20FME%20ABE%20TEE.pdf

[139] J. Krings, „Thermal simulation to reduce heat loss of the CCS charging inlet of electric vehicles at high charging currents", gehalten auf der 33th Aachen Colloquium Sustainable Mobility, 07.-09.10.2024, Aachen, 9. Oktober 2024. Zugegriffen: 10. Februar 2026. [Online]. Verfügbar unter: https://www.aachen-colloquium.com/images/tagungsunterlagen/2024_33._ACK/C4.1_Jochen_Krings_Daimler_Truck.pdf

[140] J. Krings, „Thermische Optimierungsmöglichkeit der CCS Ladedose bei Elektrofahrzeugen", gehalten auf der 13. VDI-Fachkonferenz in Aachen Thermomanagement für elektromotorisch angetriebene PKW, 26.-27.11.2024, Aachen, 27. November 2024.

[141] J. Krings, „Thermal improvement of CCS inlet (Part 2)", gehalten auf der EMEA xEV Thermal Management Innovation Summit 2024, 02.-03.12.2025, Stuttgart, 3. Dezember 2024. Zugegriffen: 10. Februar 2026. [Online]. Verfügbar unter: https://xevthermalmanagement.com/news/

[142] P. Steinmetz, „Thermische Simulation einer CCS (Combined Charging System) Ladedose für Schwerlastkraftwagen / Thermal simulation of a CCS (Combined Charging System) charging socket for heavy-duty trucks", Daimler Truck AG, Stuttgart, Untertürkheim, April 2024.

[143] J. Krings, „Thermische Testsimulation der CCS-Dose für große Ladeströme zur Überprüfung von Optimierungsansätzen", gehalten auf der 2024 AutoTest Technical Conference: Testing Hardware and Software in Automotive Development, 16.-17.10.2024, Stuttgart, Okt. 2024. Zugegriffen: 10. Februar 2026. [Online]. Verfügbar unter: https://www.fkfs-veranstaltungen.de/veranstaltungen/autotest/pro gramm/vortrag/Thermische_Testsimulation_der_CCSDose_f%C3%B Cr_gro%C3%9Fe_Ladestr%C3%B6me_zur_%C3%9Cberpr%C3%B Cfung_von_Optimierungsans%C3%A4tzen_

[144] „PA66 (Polyamid 66): Rohstoffbörse für Kunststoff: Recyclate, Restposten, Mahlgut und Abfälle", Aktuelle Angebote in der Rohstoffbörse. Zugegriffen: 10. Februar 2026. [Online]. Verfügbar unter: https://plasticker.de/recybase/listaog.php?aog=A&mat=PA%206.6

[145] „PPS (Polyphenylensulfid): Rohstoffbörse für Kunststoff: Recyclate, Restposten, Mahlgut und Abfälle", Aktuelle Angebote in der Rohstoffbörse. Zugegriffen: 10. Februar 2026. [Online]. Verfügbar unter: https://plasticker.de/recybase/listaog.php?aog=A&mat=PPS

[146] „PBT (Polybutylenterephthalat): Rohstoffbörse für Kunststoff: Recyclate, Restposten, Mahlgut und Abfälle", Aktuelle Angebote in der Rohstoffbörse. Zugegriffen: 10. Februar 2026. [Online]. Verfügbar unter: https://plasticker.de/recybase/listaog.php?aog=A&mat=PBT

[147] „PEEK (Polyetheretherketon): Rohstoffbörse für Kunststoff: Recyclate, Restposten, Mahlgut und Abfälle", Aktuelle Angebote in der Rohstoffbörse. Zugegriffen: 10. Februar 2026. [Online]. Verfügbar unter: https://plasticker.de/recybase/listaog.php?aog=A&mat=PEEK

[148] Amsler & Frey AG, „PA66 Polyamid 66: Technisches Datenblatt". August 2024. Zugegriffen: 10. Februar 2026. [Online]. Verfügbar unter: https://www.shop.amsler-frey.ch/de?cmd=generate_datasheet& category=81

[149] Kunststoffedirekt, „PA66 Polyamid 66: Technisches Datenblatt". Januar 2017. Zugegriffen: 10. Februar 2026. [Online]. Verfügbar unter: https://kunststoffedirekt.de/media/pdf/9c/f4/ea/PA66-Polyamid.pdf

[150] Vink Kunststoffe GmbH, „PPS - Polyphenylensulfid: Technisches Datenblatt", Nov. 2016, Zugegriffen: 10. Februar 2026. [Online]. Verfügbar unter: https://www.vink-kunststoffe.de/produkte/pps/tech nisches-datenblatt-pps.pdf

[151] AKRO-PLASTIC GmbH, „PBT (Polybutylenterephthalat) Datenblatt". August 2024. Zugegriffen: 10. Februar 2026. [Online]. Verfügbar unter: https://akro-plastic.com/de/product/precite-p3-natur-7009 de

[152] König GmbH Kunststoffprodukte, „PEEK (Polyetheretherketon) Datenblatt". Juni 2016. Zugegriffen: 10. Februar 2026. [Online].

Verfügbar unter: https://www.koenig-kunststoffe.de/produkte/peek/technisches-datenblatt-peek.pdf

[153] RCT Reichelt Chemietechnik GmbH + Co., „PPS (Polyphenylensulfid): Technisches Datenblatt", PPS - Polyphenylensulfid. Zugegriffen: 10. Februar 2026. [Online]. Verfügbar unter: https://www.rct-online.de/de/RctGlossar/detail/id/40

[154] Kern GmbH, Kunststoffwerke, „PBT (Polybutylenterephthalat): Technisches Datenblatt", PBT (Polybutylenterephthalat): Technisches Datenblatt. Zugegriffen: 10. Februar 2026. [Online]. Verfügbar unter: https://www.kern.de/de/technisches-datenblatt/polybutylenterephthalat -pbt?n=1311_1

[155] noltewerk GmbH & Co. KG, „PBT (Polybutylenterephthalat): Technisches Datenblatt". Dezember 2015. Zugegriffen: 10. Februar 2026. [Online]. Verfügbar unter: https://noltewerk.de/fileadmin/ user_upload/D_Kunststofftechnik/Technische_Datenblaetter/TD_PBT _1215_DE.pdf

[156] Kern GmbH, Kunststoffwerke, „PEEK (Polyetheretherketon): Technisches Datenblatt", PEEK (Polyetheretherketon): Technisches Datenblatt. Zugegriffen: 10. Februar 2026. [Online]. Verfügbar unter: https://www.kern.de/de/technisches-datenblatt/polyetheretherketon peek?n=1701_1

[157] König GmbH Kunststoffprodukte, „PA66 Polyamid 66 extrudiert: Technisches Datenblatt". Juni 2016. Zugegriffen: 10. Februar 2026. [Online]. Verfügbar unter: https://www.koenig-kunststoffe.de/pro dukte/pa/technisches-datenblatt-pa-66.pdf

[158] Präzisions Glas & Optik GmbH, „Aluminiumoxid Al2O3: Technische Hochleistungskeramik", Aluminiumoxid Al2O3: Technische Hochleistungskeramik. Zugegriffen: 10. Februar 2026. [Online]. Verfügbar unter: https://www.pgo-online.com/de/al2o3.html

[159] TKC–Technische Keramik GmbH, „Aluminiumoxid (Al2O3)". Zugegriffen: 10. Februar 2026. [Online]. Verfügbar unter: https://tkc-keramik.de/werkstoffe/oxidkeramik/aluminiumoxid-al2o3/

[160] CeramTec GmbH, „Aluminiumoxid Al2O3: Langlebige Keramiklösungen", Aluminiumoxid (Al2O3). Zugegriffen: 10. Februar 2026. [Online]. Verfügbar unter: https://www.ceramtec-industrial.com/de/ werkstoffe/aluminumoxide

[161] Kläger Spritzguss GmbH & Co. KG, „Aluminiumoxid Al2O3: Materialinformation". 2025. Zugegriffen: 10. Februar 2026. [Online]. Verfügbar unter: https://klaeger.de/wp-content/uploads/Materialinform ation-Aluminiumoxid-Al2O3.pdf

[162] KYOCERA Fineceramics Europe GmbH, „aluminium nitride (AlN) AN216A: Datasheet". April 2023. Zugegriffen: 10. Februar 2026.

[Online]. Verfügbar unter: https://www.kyocera-fineceramics.de/ fileadmin/user_upload/Download/werkstoffdatenblaetter/aluminiumni trid/Kyocera_Fineceramics_Europe_AN216A.pdf

[163] CeramTec GmbH, „aluminium nitride (AlN): Material properties of Alunit® AlN 170 C, Alunit® AlN 170 D, Alunit® AlN HP", Aluminium Nitrid (AlN). Zugegriffen: 10. Februar 2026. [Online]. Verfügbar unter: https://www.ceramtec-industrial.com/fileadmin/ user_upload/Corporate/11_Downloads/06_Electronic_Heatsinks/Data sheet_Electronic_Applications.pdf

[164] Goodfellow GmbH, „Aluminiumnitrid (AlN)", Aluminiumnitrid (AlN) Überblick. Zugegriffen: 10. Februar 2026. [Online]. Verfügbar unter: https://www.goodfellow.com/de/material/ceramics/aluminium-nitride-aln

[165] Goodfellow GmbH, „Aluminiumoxid (Al2O3)", Aluminiumoxid (Al2O3) Überblick. Zugegriffen: 10. Februar 2026. [Online]. Verfügbar unter: https://www.goodfellow.com/de/material/ceramics/ alumina-al-o?srsltid=AfmBOooUnfn3mqh6mYDLMRRS269-iw8n2nFrZ-JCYKzYEUzDrjtTC5ZT

[166] ISE Institut für Seltene Erden und Metalle AG, „Aluminiumnitrid (AlN) Preise", Aktuelle Preise von Sondermetallen. Zugegriffen: 10. Februar 2026. [Online]. Verfügbar unter: https://institut-seltene-erden.de/aktuelle-preise-von-sondermetallen/

[167] J. Krings, H.-C. Reuss, P. Ziegler, und P. Steinmetz, „Thermal Simulation of CCS Charging Inlet at High Charging Currents with various Optimisation Approaches", gehalten auf der 2025 Stuttgart International Symposium, Stuttgart, Germany, Juli 2025, S. 2025-01–0278. doi: 10.4271/2025-01-0278.

[168] S. Beisser, „Thermische Simulation von Megawatt Ladekomponenten eines elektrischen Lastwagens", Daimler Truck AG, Stuttgart, Untertürkheim, 31. Dezember 2024.

[169] Daimler Truck AG, „Testdaten Lade-Temperaturverhalten für Simulationsvalidierung von MCS Ladedose: Klimakammertest: 1300A und 1000A bei 50°C Lufttemperatur und 35°C Kühlflüssigkeitstemperatur, 2023".

[170] J. Krings, „Thermal Simulation with Optimisation Approaches to Reduce Heat Losses during MCS Megawatt Charging of Electric Vehicles", gehalten auf der 34th Aachen Colloquium Sustainable Mobility, 06.-08.10.2025, Aachen, 8. Oktober 2025. Zugegriffen: 10. Februar 2026. [Online]. Verfügbar unter: https://www.aachen-colloquium.com/images/tagungsunterlagen/2025_34. ACK/B6.1_Joc hen_Krings_Daimler_Truck_AG.pdf

[171] Dreyer System GmbH, „Wärmeleitmaterial: Gap Filler Pads". Zugegriffen: 10. Februar 2026. [Online]. Verfügbar unter: https://www.dreyer-system.de/gap-filler.html

[172] HALA Contec GmbH & Co. KG, „Wärmeleitmaterial: Silikon gap-filler pad". Zugegriffen: 10. Februar 2026. [Online]. Verfügbar unter: https://www.hala-tec.de/gap-filler/silikon-gap-filler-sehr-weich/tgf-uss-si/

[173] J. Krings, „Scaling Up Cooling in Electrical Vehicle Charging Systems to Megawatts Range", gehalten auf der Thermal Management Expo Europe 2023, 05.-07.12.2023, Stuttgart, 7. Dezember 2023. Zugegriffen: 10. Februar 2026. [Online]. Verfügbar unter: https://www.thermalmanagementexpo-europe.com/assets/resources/tee/tee23-show-preview.pdf

[174] Carl Berghöfer GmbH, „Metallpreise: Aluminium und Kupfer", Metallpreise. Zugegriffen: 10. Februar 2026. [Online]. Verfügbar unter: https://berghoefer-metalle.de/leistungen/metallpreise/

[175] Thyssen Krupp Materials Services GmbH, „Aluminium Werkstoffdatenblatt EN AW-6082 / AlSi1MgMn". Mai 2018. Zugegriffen: 10. Februar 2026. [Online]. Verfügbar unter: https://datenblaetter.thyssenkrupp.ch/en_aw_6082_0518.pdf

[176] Deutsches Kupferinstitut, „Kupfer CU-ETP: Werkstoff Datenblatt". November 2019. Zugegriffen: 10. Februar 2026. [Online]. Verfügbar unter: https://kupfer.de/wp-content/uploads/2019/11/Cu-ETP.pdf

[177] Daimler Truck AG, „Testdaten Lade-Temperaturverhalten für Simulationsvalidierung von Sicherungsbox: Klimakammertest: 1300A und 1000A bei 50°C Lufttemperatur und 35°C Kühlflüssigkeits temperatur, 2023".

[178] L. Fietz, „Thermische Komponentensimulation der modularen Power Distribution Unit (mPDU)", Daimler Truck AG, Stuttgart, Untertürkheim, 4. Februar 2025.

[179] Daimler Truck AG, „Testdaten Lade-Temperaturverhalten für Simulationsvalidierung von Stromverteilerbox: Gesamtfahrzeugtest: Temperaturverlauf an Modulstecker und Modulgehäuse, Ladestrom zwischen 385A und 280A, Lufttemperatur zwischen 26 °C und 31 °C, Kühlflüssigkeitstemperatur 25°C, 19.07.2024".

[180] T. Diether, *DIN EN ISO 4017:2022-10: Verbindungselemente - Sechskantschrauben mit Gewinde bis Kopf - Produktklassen A und B*, Norm 4017, Berlin., Oktober 2022. doi: 10.31030/3279824.

[181] Deutsches Kupferinstitut, „Kupfer Cu-OFE: Werkstoff Datenblatt". 2005. Zugegriffen: 10. Februar 2026. [Online]. Verfügbar unter: https://kupfer.de/wp-content/uploads/2019/11/Cu-OFE.pdf

[182] Aluminium-Verlag, „Aluminium EN AW-1050A / EN AW-Al 99,5: Werkstoff Datenblatt". Aluminium-Verlag, Marketing & Kommunikation. Zugegriffen: 10. Februar 2026. [Online]. Verfügbar unter: https://www.fillistahl.at/media/datenblatt_1050_bleche.pdf

[183] H. Wang *u. a.*, „High-power charging strategy within key SOC ranges based on heat generation of lithium-ion traction battery", *J. Energy Storage*, Bd. 72, S. 108125, Nov. 2023, doi: 10.1016/j.est.2023.108125.

[184] J. Su, M. Lin, S. Wang, J. Li, J. Coffie-Ken, und F. Xie, „An equivalent circuit model analysis for the lithium-ion battery pack in pure electric vehicles", *Meas. Control*, Bd. 52, Nr. 3–4, S. 193–201, März 2019, doi: 10.1177/0020294019827338.

[185] J. Krings, „How do thermal optimisations on the CCS charging inlet affect the charging time?", gehalten auf der FKFS Conference on Vehicle Aerodynamics and Thermal Management, 15.-16.10.2025, Leinfelden-Echterdingen, Okt. 2025. Zugegriffen: 10. Februar 2026. [Online]. Verfügbar unter: https://www.fkfs-veranstaltungen.de/en/veranstaltungen/fkfs-conference/program/vortrag/how-do-thermal-optimisations-on-the-ccs-charging-inlet-affect-the-charging-time

[186] J. Krings, „Thermische Optimierung der Hochvoltladepfad-Leistungselektronik am Beispiel der Sicherungsbox des Elektro-Nutzfahrzeugs", gehalten auf der VDI-Fachkonferenz: Leistungselektronik in der Elektromobilität, 16.-17.09.2025, Nürtingen, 17. September 2025. Zugegriffen: 10. Februar 2026. [Online]. Verfügbar unter: https://www.vdi-wissensforum.de/fileadmin/VDI_Wissensforum/Programme/FTP/01KO116025_www.pdf

Anhang

A1. Übersicht: CCS und MCS Ladedose mit Sicherungsbox

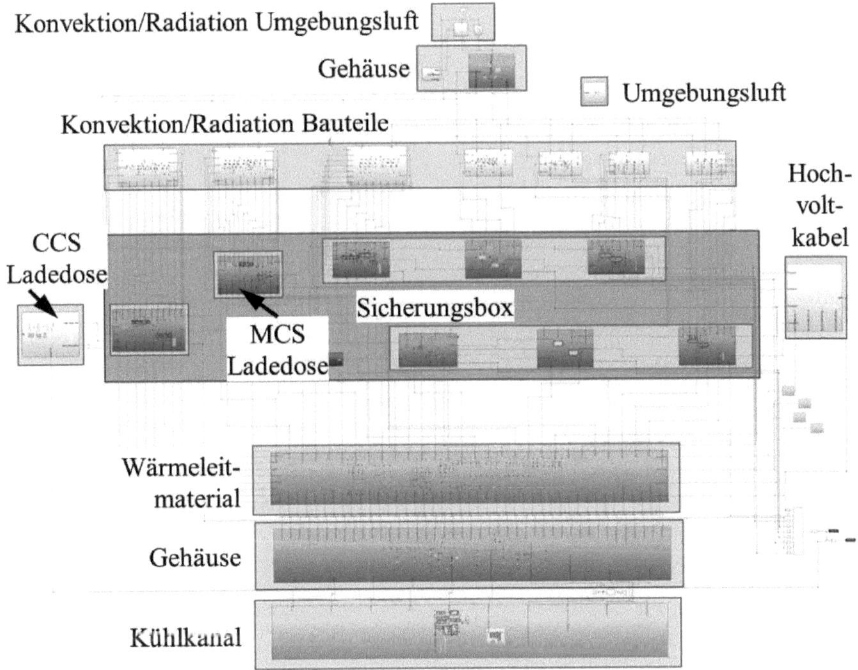

Abbildung A1-1: Matlab Modell: CCS und MCS Ladedose mit Sicherungsbox

A2. CCS Modell > CCS Ladedose > CCS Kontaktstift

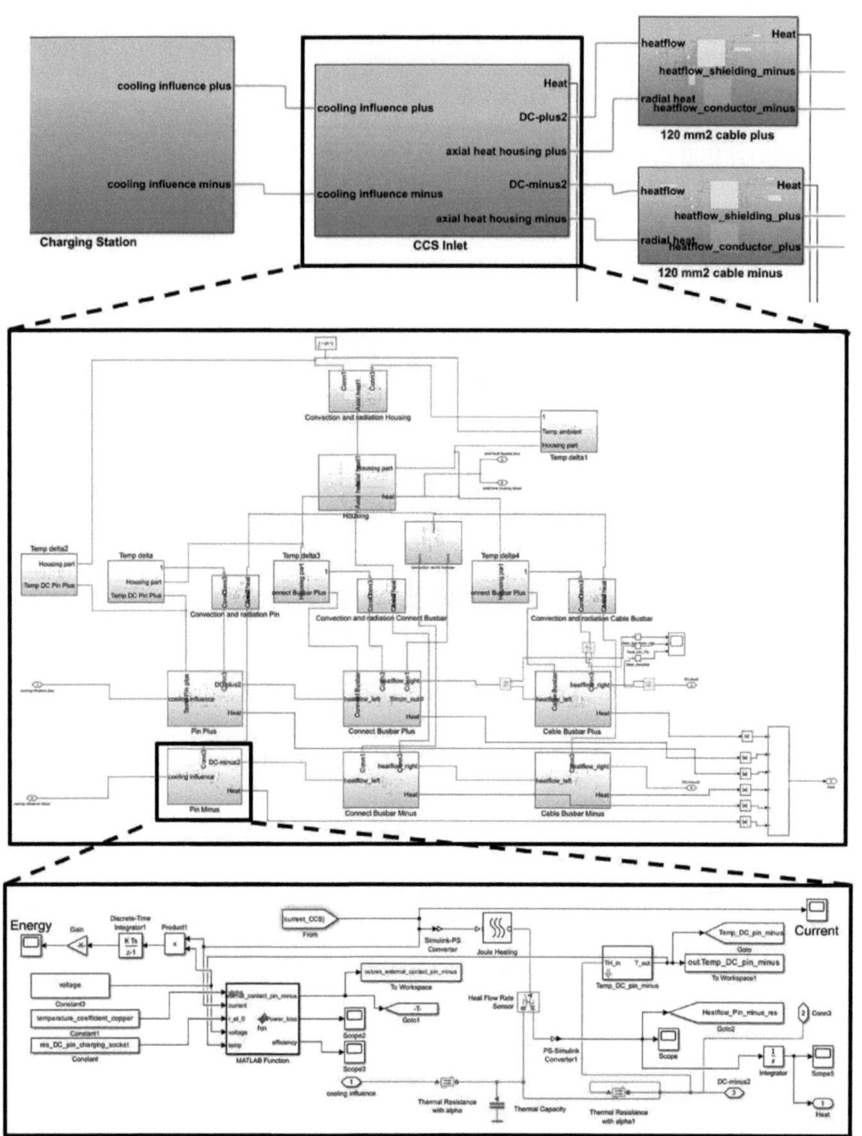

Abbildung A2-1: Matlab Modell: CCS Ladedose

A3. MCS Modell > MCS Ladedose > MCS Stromschiene

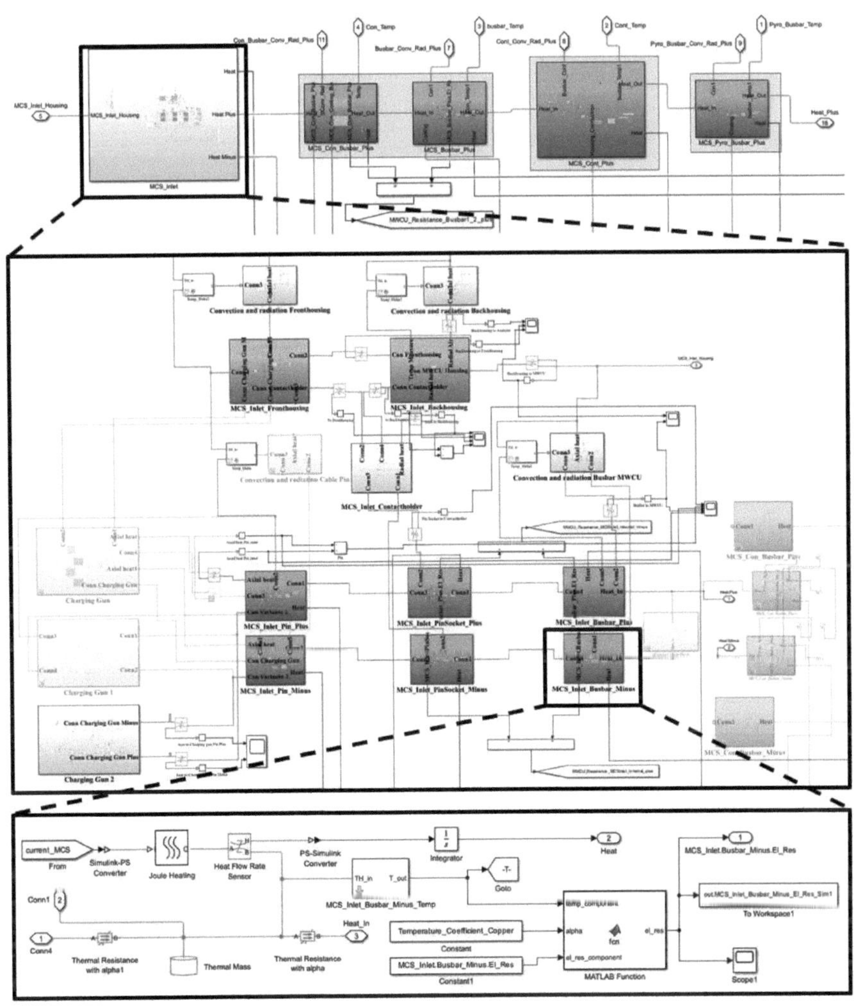

Abbildung A3-1: Matlab Modell: MCS Ladedose

A4.   Sicherungsbox Modell > Stecker Ausgang > Stromschiene

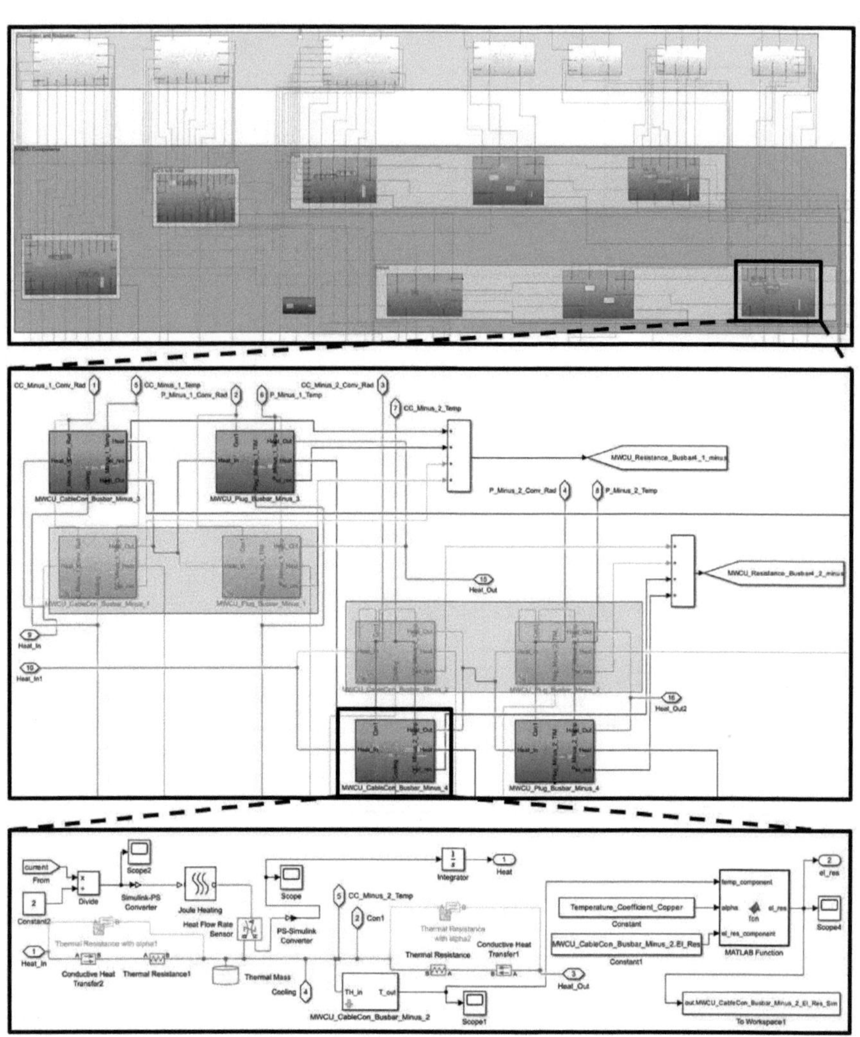

Abbildung A4-1: Matlab Modell: Sicherungsbox

A5. Stromverteilerbox Modell > Modul 1 > Bolzen

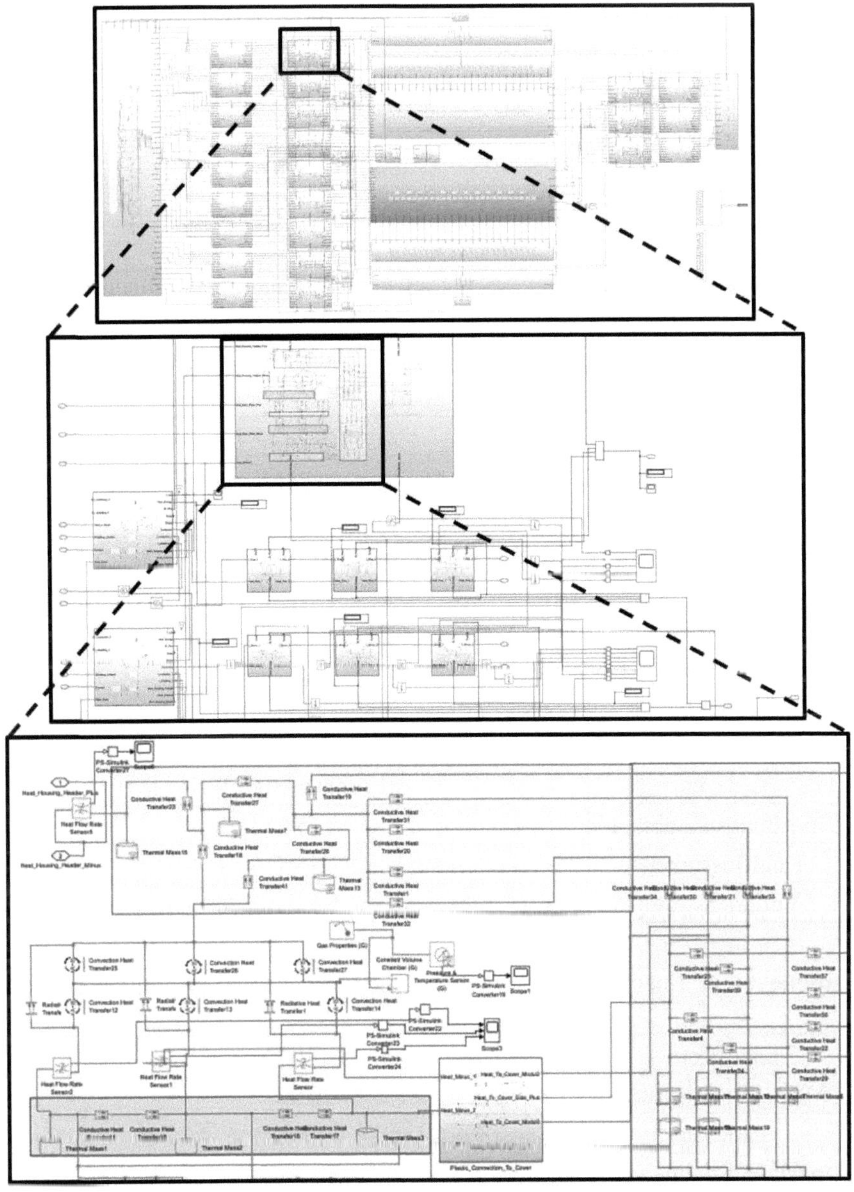

Abbildung A5-1: Matlab Modell: Stromverteilerbox

A6. Energiebilanz Simulationsparameter

Tabelle A6.1: Energiebilanz: CCS Ladedose Simulationsparameter

Ladestrom	500A, ab Maximaltemperatur Ladestromreduktion
Maximaltemperatur	85°C
Ladezeit	bis 360kWh erreicht
Umgebungstemperatur	25°C

Tabelle A6.2: Energiebilanz: MCS Ladedose Simulationsparameter

Ladestrom	konstant 1300A
Maximaltemperatur	95°C
Ladezeit	21,6min (=360kWh)
Umgebungstemperatur	25°C
Kühlflüssigkeit	35°C
Volumenstrom	5,5 l/min (+33%/+66%/+100%)

Tabelle A6.3: Energiebilanz: Sicherungsbox Simulationsparameter

Ladestrom	konstant 1300A
Maximaltemperatur	95°C
Ladezeit	21,6min (=360kWh)
Umgebungstemperatur	25°C
Kühlflüssigkeit	35°C
Volumenstrom	5,5 l/min

Tabelle A6.4: Energiebilanz: Stromverteilerbox Simulationsparameter

Ladestrom	1300A
Maximaltemperatur	95°C
Ladezeit	37min 1300A (=600kWh) dann 63min 0A (abkühlen)
Umgebungstemperatur	50°C
Kühlflüssigkeit	35°C
Volumenstrom	15,4 l/min

A7. Materialdaten

Tabelle A7.5: Materialdaten: Isolator Kunststoff

Name	PA66 Poly Amid 66	PPS Poly Phenylen Sulfid	PBT Poly Butylen Terephthalat	PEEK Poly Ether Ether Keton	Einheit
spezifischer elektrischer Widerstand	10^{15}	10^{13}	10^{13}	10^{13}	$\Omega \cdot cm$
materialspezifische Wärmeleitfähigkeit	0,23	0,3	0,27	0,25	$\dfrac{W}{m \cdot K}$

Tabelle A7.6: Materialdaten: Isolator Keramik

Name	Aluminiumoxid (Al_2O_3)	Aluminiumnitrid (AlN)	Einheit
spezifischer elektrischer Widerstand	10^{14}-10^{15}	10^{12}	$\Omega \cdot cm$
spezifische Wärmeleitfähigkeit	20-30	> 150	$\dfrac{W}{m \cdot K}$

Tabelle A7.7: Materialdaten: Stromleiter

Name	Kupfer 99,9%	Kupfer 99,99%	Aluminium EN AW-Al 99,5	Einheit
spezifischer elektrischer Widerstand	0,018	0,017	0,028	$\dfrac{\Omega \cdot mm^2}{m}$
spezifische Wärmeleitfähigkeit	394	393	200	$\dfrac{W}{m \cdot K}$
spezifische Wärmekapazität	386	390	900	$\dfrac{J}{kg \cdot K}$
Dichte	8,93	8,94	2,7	$\dfrac{g}{cm^3}$